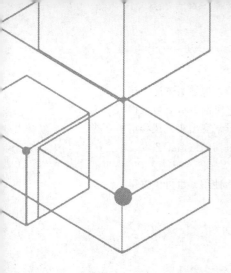

CAD/CAM/CAE 工程应用系列

计算机辅助
铸造工艺设计

郭永春　马志军　刘振亭　编著

机械工业出版社

本书以计算机辅助铸造工艺设计为核心，分为 4 篇，包括实体造型技术、模具设计技术、AnyCasting 应用、工艺设计与优化实例。本书与工程应用紧密结合，淡化对原理的讲授，突出工程应用指导，突出实践技巧培训，突出综合性，使初学者容易上手，快速掌握计算机辅助铸造工艺设计的整体流程和技术细节。

本书适合高等院校材料专业铸造方向的本、专科生使用，也可供材料工程技术人员学习、参考。

图书在版编目（CIP）数据

计算机辅助铸造工艺设计/郭永春，马志军，刘振亭编著. —北京：机械工业出版社，2020.2

（CAD/CAM/CAE 工程应用系列）

ISBN 978-7-111-64444-6

Ⅰ.①计… Ⅱ.①郭…②马…③刘… Ⅲ.①铸造－工艺设计－计算机辅助设计 Ⅳ.①TG24－39

中国版本图书馆 CIP 数据核字（2019）第 297145 号

机械工业出版社（北京市百万庄大街 22 号 邮政编码 100037）
策划编辑：王 博 责任编辑：王 博
责任校对：张 薇 封面设计：马精明
责任印制：郜 敏
盛通（廊坊）出版物印刷有限公司印刷
2020 年 4 月第 1 版第 1 次印刷
184mm×260mm・16 印张・396 千字
标准书号：ISBN 978-7-111-64444-6
定价：49.80 元

电话服务   网络服务
客服电话：010-88361066 机 工 官 网：www.cmpbook.com
          010-88379833 机 工 官 博：weibo.com/cmp1952
          010-68326294 金 书 网：www.golden-book.com
封底无防伪标均为盗版 机工教育服务网：www.cmpedu.com

前言

在铸造工艺设计过程中，需烦琐的数学计算和经验表查询，因人员和经验不同会导致设计结果差异，进而导致在大批量铸件生产过程中质量波动，成本攀升。随着计算机技术的发展，计算机辅助设计技术在工业生产中得到越来越广泛的应用，也为铸造工艺设计的科学化、精确化提供了良好的工具。计算机辅助铸造工艺设计是指利用数值计算的方法辅助铸造工艺设计和铸件质量预测，通常情况下先使用 Pro/E（Pro/ENGINEER）、SOLIDWORKS、UG NX 等软件对工件进行三维模型的建立和模具设计，然后初定铸造参数，使用 Procast、AnyCasting、MagmaSoft 等软件进行铸造过程仿真与后处理分析，根据仿真结果对既定铸造工艺进行优化。

本书以计算机辅助铸造工艺设计为核心，由 4 篇组成：第 1 篇是实体造型技术，介绍了 Pro/E 的参照特征、草图绘制、特征操作等命令，并给出了足球和直齿轮的三维造型实例；第 2 篇是模具设计技术，介绍了使用 Pro/E 进行模具设计的方法，并给出了金属型和砂型两种铸造方法的具体模具设计实例；第 3 篇主要介绍了 AnyCasting 铸造模拟软件的使用方法和实际案例；第 4 篇给出了活塞、管件的铸造工艺设计与优化实例。

2013 年，西安工业大学金属材料工程专业获批"教育部卓越工程师培养计划"试点专业，以"以校企联合为基础，以扎实的材料科学知识为基础和突出的计算机辅助工程设计能力为培养特色"，创新培养模式。本书基于西安工业大学金属材料工程专业教改卓越班的教学经验编写，许多案例来自实际生产，希望能够对读者解决自身难题有所启发。

本书由郭永春统编审定，第 1 章、第 3 章、第 6 章、第 7 章由马志军编著，第 2 章、第 4 章、第 5 章、第 8 章和第 9 章由刘振亭编著。感谢西安工业大学金属材料工程专业 2010 级、2011 级教改实验班学员在编写过程中给予的帮助，感谢余洲、李庚林同学在统稿方面所做的工作。书中插图及实例多是卓越班学员结合企业实际的课程设计成果和企业实习的设计成果。

本书是教育教学改革过程中的教学成果之一，感谢陕西省教育厅 2015 教改重点项目的资助，感谢 2013 年教育部卓越工程师培养计划试点专业项目的资助，感谢西安工业大学教材建设专项资金的资助。

为了配合本书在教学实践中的应用，我们制作了配套的电子教学课件，读者可以从 www. cmpedu. com 注册后免费下载。

由于编著者学识有限，书中难免存在不当之处，敬请读者批评指正。

编著者

前　言

第1篇　实体造型技术

第2篇　模具设计技术

第3篇　AnyCasting 应用

第4篇　工艺设计与优化实例

第1篇
实体造型技术

主要内容：

教学目标：

本篇第 1 章讲述了 Pro/E 造型技术的基本命令，第 2 章通过造型实例，让读者进一步巩固三维造型技术相关知识点。通过本篇的学习，读者能初步具备三维造型设计的能力，为下一篇的学习打下良好的基础。

第1章

Pro/E 造型技术

本章重点：
- ➤ 参照特征
- ➤ 草绘工具
- ➤ 实体特征创建
- ➤ 特征操作、装配

1.1 参照特征

1.1.1 Pro/E 操作界面简介

图 1.1 所示为 Pro/E 打开后的界面，主界面左侧显示硬盘的部分文件夹及默认的工作目录，右侧为超链接，若选择文件夹或工作目录，则网页会转换成信息区，显示出文件夹或工作目录内的文件。

图 1.1

（1）下拉式菜单简介 下拉式菜单主要是让用户在进行零件设计时能控制整体环境，以下是各个选项。

1）文件：文件的存取。

2）编辑：零件编辑及零件设计变更。

3）视图：控制零件的三维视角。

4）插入：加入各类型的特征。

5）分析：分析三维零件的几何信息。

6）信息：显示出三维零件的各项工程信息。

7）窗口：窗口的控制。

8）帮助：各命令功能的详细解说，单击帮助中心的选项后，系统即以网页的形式解说系统的用途及操作步骤。

（2）文件操作 对文件的操作是由下拉式菜单文件下的选项来控制的，各选项如图 1.2 所示。

图 1.2

1）新建：建立新文件夹，其工具栏中的按钮为 ，单击后出现的对话框如图 1.3 所示。在对话框中选择文件类型，并输入文件名，主要的文件类型如下。

① 草绘：二维草图绘制，扩展名为 .sec。

② 零件：三维零件设计、三维钣金设计等，扩展名为 .prt。

③ 组件：三维组件设计、动态机构设计等，扩展名为 .asm。

④ 制造：模具设计、加工程序制作等，扩展名为 .mfg。

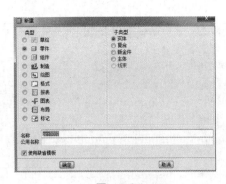

图　1.3

⑤绘图：二维工程图制作，扩展名为 .drw。

⑥格式：二维工程图图框制作，扩展名为 .frm。

⑦布局：零组件配置图制作，扩展名为 .lay。

2）打开：打开旧文件，其工具栏中的按钮为 ，出现的对话框如图 1.4 及图 1.5 所示。用户可从硬盘的工作目录或进程中挑选所需的文件，若要打开的文件为 IGES、STL 或其他格式的文件，则可在类型中指定格式后，再选取文件。

图　1.4

图　1.5

3）保存：以新文件名进行文件的存储，对话框如图 1.6 及图 1.7 所示。用户可将目录工作窗口上的文件存为新的文件名，若当前工作窗口上的文件为组件，则可单击对话框右下方的 键，选择"选取"选项，再选择任何一个窗口上的文件，存为新的文件名称，此外，保存副本亦可。

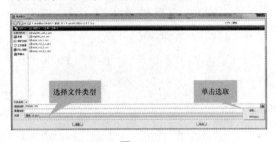

图　1.6

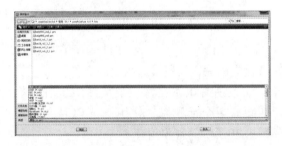

图　1.7

将文件存储为 IGES/STL 或其他格式的文件。

4）拭除：删除进程中的文件，共有三个选项，如图 1.8 所示。

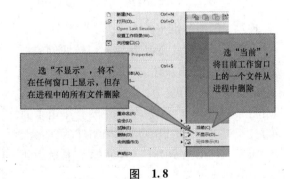

图　1.8

①当前：将目前工作窗口上的一个文件从进程中删除。例如进程中有 20 个文件，而 3 个文件出现在 3 个不同的窗口，则选择

拭除下的"当前"将会删除目前工作窗口上的一个文件。

② 不显示：将不在任何窗口上，但存在于进程中的所有文件删除。例如进程中有 20 个文件，而其中 3 个出现在 3 个不同的窗口中，则选择拭除下"不显示"将会删除存在进程中的 17 个文件。

5) 删除：删除硬盘中的文件，有两个选项，如图 1.9 所示。

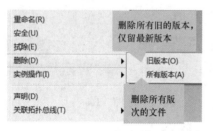

图　1.9

① 旧版本：将一个文件的所有版次从硬盘中删除，仅留最新版次的文件。

② 所有版本：将一个文件的所有版次从硬盘中全部删除，使用此选项时会出现图 1.10 所示的警告信息。

图　1.10

1.1.2　创建基准平面

单击工具栏中的"新建"按钮创建新的零件时，在"新建"对话框下方有"使用缺省模板"的选项，此选项默认为勾选，如图 1.11 所示，系统会自动产生互相垂直的三个基准平面 FRONT、RIGHT、TOP 及坐标系 PRT-CSYS-DEF。其他的基准平面可利用下列步骤来创建。

1) 单击主窗口右侧的"基准平面"按钮（或选取下拉式菜单"插入"下的"模型基准平面"）。

图　1.11

2) 由现有零件选取点、线、面等几何图元，则系统提示立即预览基准平面，且出现"基准平面"对话框，显示产生该基准平面的几何条件，如图 1.12 ~ 图 1.15 所示。单击"基准平面"按钮，通过鼠标左键选取 L 型实体的边，则画面立即显示出基准平面及其正方向。其中，"穿过"为几何条件，边 F5（拉伸_1）代表第五个特征的边（自动显示），即此基准平面"穿过拉伸特征的某个边"；若按着键盘的 < Ctrl > 键，单击鼠标左键选取第二个边，则系统修正此基准平面及其正方向，"基准平面"对话框显示出此平面穿过拉伸特征的两条边，最后单击"基准平面"对话框中的"确定"按钮即可。

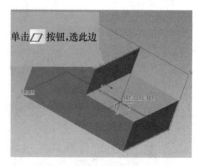

图　1.12

在上述步骤中，使用者所选取的几何图元及几何条件见表 1.1。

图　1.13

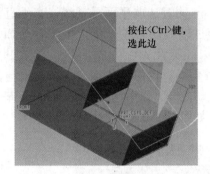

图　1.14

图　1.15

表 1.1　几何图元及几何条件

所选取的几何图元	产生基准平面的几何条件
基准点或边的顶点	穿过：基准平面穿过所选的点
轴或二维曲线	1）穿过：基准平面穿过所选的线 2）法向：基准平面和所选的线互相垂直
三维曲线	法向：基准平面和三维曲面垂直
平面	1）穿过：基准平面穿过所选的平面 2）法向：基准平面和所选的平面互相垂直 3）平行：基准平面和所选的平面互相平行 4）偏移：基准平面由所选的平面平移一段距离或旋转一个角度得到
圆弧面	1）穿过：基准面穿过所选圆弧面的中心轴 2）相切：基准面和所选的圆弧面相切

在上述的几何条件中，偏移可为平移或旋转，如图 1.16 及图 1.17 所示。选取零件的顶部平面，将平移尺寸改为"30"，即产生与顶部平面距离为"30"的基准平面。若同时选取零件的顶面及边线，则产生由顶面旋转 45°且穿过边线的基准平面。

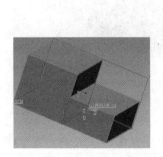
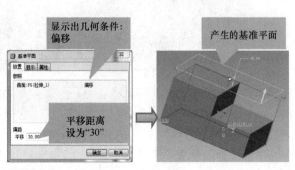

图　1.16

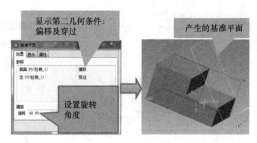

图　1.17

图 1.18 所示为创建基准平面的 4 个范例，各范例所使用的几何条件如下。

① 同时选取轴线及底部的端点，由垂直轴线及穿过端点的条件即可产生基准平面，如图 1.18a 所示。

② 同时选取平面及轴线，由平面旋转 45°及穿过轴线的条件即可产生基准平面，如图 1.18b 所示。

③ 同时选取平面及轴线，有垂直平面及穿过轴线的条件即可产生基准平面，如图 1.18c 所示。

④ 同时选取圆柱面及平面，由与圆柱面相切及与平面平行的条件即可产生基准平面，如图 1.18d 所示。

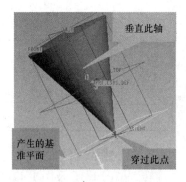

a)

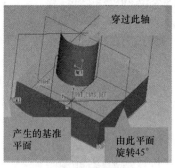

b)

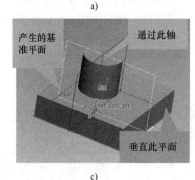

c)

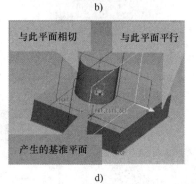

d)

图　1.18

1.1.3　创建基准轴

（1）创建基准轴的步骤

1）单击主窗口右侧"基准轴"按钮（或选取下拉式菜单"插入"下的"模型基准轴"）。

2）由现有零件选取点、线、面等几何图元，则系统立即产生轴线，且"基准轴"对话框显示出产生轴线的几何条件，见

表 1.2。

表 1.2　产生轴线的几何条件

所选的几何图元	产生轴线的几何条件
基准点或边的顶点	穿过：轴线穿过所选的点
边	穿过：轴线穿过所选的边
曲线	相切：轴线与曲线相切
平面	法向：轴线和所选的平面互相垂直
圆弧面	穿过：轴线穿过所选圆弧面的中心轴

（2）创建基准轴的范例

1）以穿过边的方式产生轴线。单击主窗口右侧的"基准轴" ∕ 按钮，选取图 1.19 所示的边，"基准轴"对话框显示出轴线将会穿过边，单击"基准轴"对话框中的"确定"按钮，即产生轴线 A-2，如图 1.19 所示。

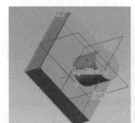

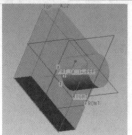

图　1.19

2）以垂直平面的方式产生轴线。单击主窗口右侧的"基准轴" ∕ 按钮，选零件正面为轴线的垂直面，轴线即显示在画面上，并出现轴线位置把手和定位把手，将两个定位把手移至两条边，在画面上将两个定位尺寸修改为"50"，"基准轴"对话框显示

示出轴线将会垂直所选的平面，如图 1.20 所示。

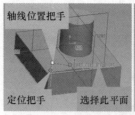

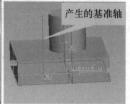

图　1.20

3）以垂直平面及穿过点的方式产生轴线。单击主窗口右侧的"基准轴" ∕ 按钮，单击鼠标左键选取所示平面，再按着 < Ctrl > 键单击鼠标左键选取 PNT1 点，"基准轴"对话框显示出轴线将会垂直平面及穿过点，按下鼠标的滚轮，即产生轴线，如图 1.21 所示。

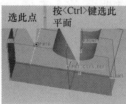

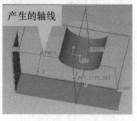

图　1.21

4）以穿过圆弧面中心轴的方式产生轴线。单击主窗口右侧的"基准轴" ∕ 按钮，选取图 1.22 所示的圆弧面，"基准轴"对话框显示出轴线将会穿过圆弧面的中心轴，

按下鼠标的滚轮，即产生轴线，如图1.22所示。

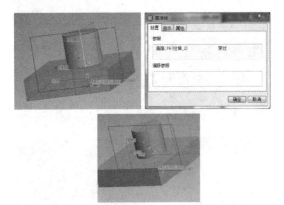

图　1.22

5）以两个平面的交线产生轴线。单击主窗口右侧的"基准轴" 按钮，选取图示的一个平面，按住 <Ctrl> 键选取第二个平面，"基准轴"对话框显示出轴线将会穿过所选的两个平面，按下鼠标的滚轮，即产生轴线，如图1.23所示。

图　1.23

6）以穿过两个点的方式产生轴线。单击主窗口右侧的"基准轴" 按钮，选取图1.24所示的第一个端点，按住 <Ctrl> 键选取第二个端点，"基准轴"对话框显示出轴线将会穿过所选的两个点，按下鼠标的滚轮，即产生轴线，如图1.24所示。

7）以穿过曲面上一个点的方式产生轴

图　1.24

线。单击主窗口右侧的"基准轴" 按钮，选取图示点，再按住 <Ctrl> 键选取圆弧面，"基准轴"对话框显示出轴线将会穿过该点及垂直所选的圆弧面，按下鼠标的滚轮，即产生轴线，如图1.25所示。

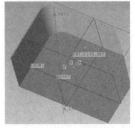

图　1.25

8）以曲线端点的方式产生轴线。单击主窗口右侧的"基准轴" 按钮，选取图1.26所示的曲线，再按着 <Ctrl> 键选取端点，基准轴对话框显示出轴线将会与曲线相切，且穿过曲线的端点，按下鼠标的滚轮，即产生轴线，如图1.26所示。

图　1.26

1.1.4　创建基准点

（1）创建基准点的步骤

1）单击主窗口右侧的"基准点" 按钮（其命令为下拉式菜单"插入"下的"模型基准"）。

2）由现有零件选取点、线、面等几何图元，则系统立即产生基准点，且"基准点"对话框显示出产生基准点的几何条件，见表 1.3。

表 1.3　产生基准点的几何条件

所选几何图元	产生基准点的几何条件
点（可为曲线、边线的端点或已存在的基准点）	1）在其上：在所选的点上创建一个点 2）偏移：将所选的点沿着一个平面的法向偏移一段距离

（续）

所选几何图元	产生基准点的几何条件
线（可为曲面的边或曲线）	在其上
面（可为平面或曲面）	1）在其上 2）偏移
点及平面（或曲面）	点的参照条件为偏距，面的参照条件为法向：由所选面的法线方向偏移一段距离，做出一个点
圆或圆弧	1）在其上 2）居中
坐标系	1）在其上 2）偏移

（2）创建基准点的范例

1）在曲面上创建基准点。单击主窗口右侧的"基准点" 按钮，选取图 1.27 所示的面，令基准点落在此面上，将定位把手 1 移至零件的右侧面，将定位把手 2 移至零件的正面，在画面上将基准点的定位尺寸按图 1.27 设置，按鼠标滚轮，即可产生基准点，如图 1.27 所示。

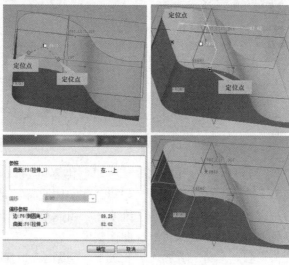

图　1.27

2）沿着曲面的法线方向偏移一段距离，产生基准点。单击主窗口右侧的"基准点" ⬚ 按钮，选图1.28所示的面，令基准点落在此面上，将定位把手1移至零件的右侧，定位把手2移至零件的正面，如

图1.28所示，在画面上将基准点的定位尺寸按图1.28设置将"基准点"对话框中参照的类型改为"偏移"，再输入偏移距离，按鼠标滚轮，即可产生基准点，如图1.28所示。

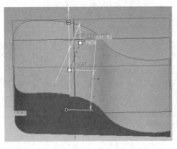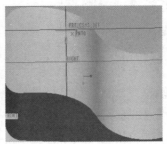

图　1.28

3）求圆弧的中心点。单击主窗口左侧的"基准点"按 ⬚ 按钮，选中圆弧边，将基准点偏移比例改为"0.5"，使基准点落在圆弧的中心点上，按鼠标滚轮，即可产生基准点如图1.29所示。

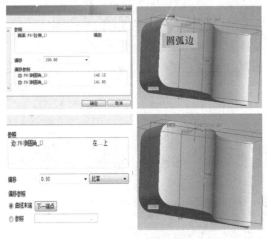

图　1.29

1.2　草图绘制简介

构成草图的两大要素为几何和尺寸，用户首先绘制线条，然后进行尺寸标注，最后再修改尺寸的数值，系统就会按照新的尺寸数值自动修正草图的几何形状。另外，系统会对某些线条自动假设某些关联性，如对

称、相等、相切等，这样可以减少尺寸标注的困难，并使草图外形具有充足的约束条件。

进入草图绘制的方式有以下两种：

（1）由草绘模式进入草图绘制的模式　单击工具栏中用于创建新文件的"新建" ⬚ 按钮，将类型选框设为草绘，即可进入草图绘制的界面，在此模块下只能进行草图的绘制，并存储扩展名为.sec的文件，以供后继创建实体或曲面特征时取用，如图1.30所示。

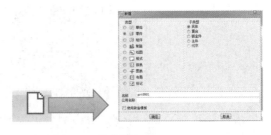

图　1.30

（2）由零件进入草图绘制的模式　在创建某些实体或特征时，必须绘制特征的二维草图，由此绘制的草图将会包含在实体或曲面集中。

1.2.1　草图绘制的基本流程

绘制几何线条为创建草图的首要工作。

几何线条的类型包括：中心线、直线、圆、圆弧、曲线、点、坐标系、文字。绘制几何线条时并不需要指定线条的确切尺寸，只需绘制出几何形状即可，另外绘制线条时系统会自动以暗线标示线条的尺寸。

下面主要介绍点、线、矩形、圆、弧、椭圆等的绘制方法，以及标注尺寸、定义约束、编辑草绘。Pro/E 界面的命令如图 1.31 所示。

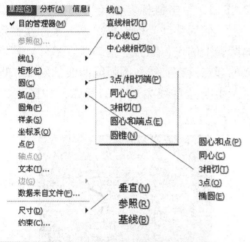

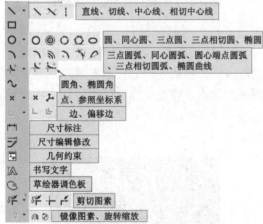

图　1.31

（1）画直线　直线的类型包括：直线、中心线及公切线，如图 1.32 所示。

1）直线：单击 ╲ 按钮，单击鼠标左键选两个点，即可产生一条直线，按鼠标滚轮可以终止直线的绘制。

2）中心线：单击 ┇ 按钮，单击鼠标左键选两个点，即可产生一条中心线。

3）公切线：单击 ╲ 按钮，用鼠标左键选两个圆弧或圆，即可产生公切线。

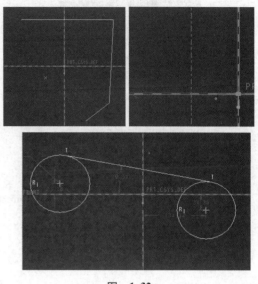

图　1.32

（2）画矩形　单击 □ 按钮，单击鼠标左键选取矩形的斜对角，即可产生矩形，如图 1.33 所示。

图　1.33

（3）画圆　画圆的方法有以下五种。

1）圆心及圆周上一点：单击 ○ 按钮，单击鼠标左键选择圆心，然后移动光标，单击鼠标左键定出圆周上的点，如图 1.34 所示。

2）同心圆：单击 ◎ 按钮，选择现有的圆或圆弧以决定圆心，然后移动光标，单击鼠标左键定出圆上的点，如图 1.35 所示。

3）三点画圆：单击 ○ 按钮，单击鼠标左键任意选三个点，即可产生圆，如图 1.36所示。

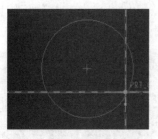

图 1.34

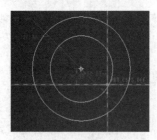

图 1.35

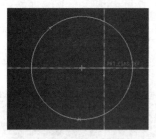

图 1.36

4）椭圆：单击 ⬭ 按钮，单击鼠标左键选择中心，然后移动光标，再次单击鼠标左键定出椭圆上的点，如图 1.37 所示。

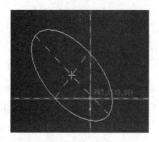

图 1.37

5）三切圆：单击 ⬭ 按钮，单击鼠标左键选择三个图元（可为直线、圆或圆弧），如图 1.38 所示。

（4）画圆弧 画圆弧的方法有下列几种。

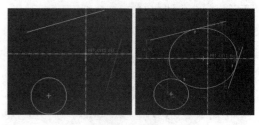

图 1.38

1）三点画圆弧/端点相切圆弧：单击 ⌒ 按钮，单击鼠标左键定出圆弧的起点及终点，然后移动光标，再次单击鼠标左键定出圆弧上的点，即可产生圆弧。另外，若圆弧的起点落在直线、圆弧或曲线的端点，即可产生与这些线条相切的圆弧，如图 1.39 所示。

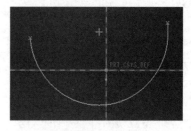

图 1.39

2）同心圆弧：单击 ⬭ 按钮，选择现有的圆或圆弧以决定圆心，单击鼠标左键定出圆弧的起点，移动光标至适当位置，再次单击鼠标左键定出圆弧的终点，如图 1.40 所示。

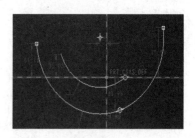

图 1.40

3）圆心及端点：单击 ⌒ 按钮，单击鼠标左键选择圆弧的圆心，单击鼠标左键定出圆弧的起点，移动鼠标，再次单击鼠标左键定出圆弧的终点，如图 1.41所示。

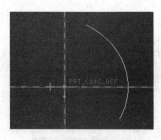

图　1.41

4）公切圆弧：单击 按钮，单击鼠标左键选择三个图元，如图 1.42 所示。

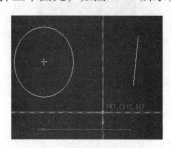

图　1.42

5）圆锥弧：单击 按钮，单击鼠标左键定出圆锥弧的起点及终点，然后移动光标，再次单击鼠标左键定出圆锥弧上的点，如图 1.43 和图 1.44 所示。

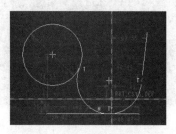

图　1.43

图　1.44

（5）倒圆角

1）圆弧倒角：单击 按钮，单击鼠标

左键选择两个图元，即可产生圆弧形的圆角，如图 1.45 所示。

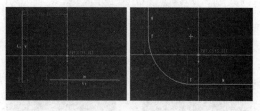

图　1.45

2）椭圆倒角：单击 按钮，单击鼠标左键选择两个图元，即可生成椭圆形的圆角，如图 1.46 所示。

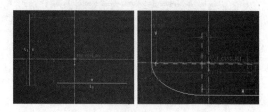

图　1.46

（6）画样条曲线　样条曲线为三次或三次方以上的多项式所形成的曲线，绘制步骤为：单击鼠标左键在画面上选取曲线通过的点，按鼠标滚轮选取终止点，即可产生曲线，曲线上的点为内插点，如图 1.47 所示。

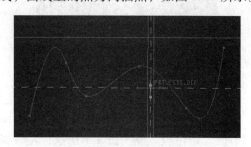

图　1.47

1）产生点。单击 按钮，以鼠标左键点选欲放置点的位置，即可产生一个点，点可用于表示倒圆角的顶点，如图 1.48 所示。

2）产生局部坐标系。单击 按钮，以鼠标左键选取欲放置坐标系的位置，即可产生一个局部坐标系，如图 1.49 所示。

（7）写文字　单击 按钮，单击鼠标左键拉一条直线，再输入文字。此外，可利用"文本"对话框控制字形、字宽与字高的比例及文字的倾斜角度，也可勾选文本对话框左下角的"沿曲线放置"调整文字位置，如图 1.50 所示。

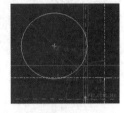

图　1.48　　　　　　　　图　1.49

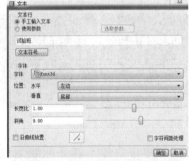

图　1.50

（8）由调色板汇入多边形　单击主窗口右侧"调色板" ^{图标}按钮，单击鼠标左键将调色板中的六边形拖到界面中央，在"缩放旋转"对话框中输入线条的缩放比例为"0.5"，按键盘的 ＜enter＞ 键，再单击 按钮，如图 1.51 所示。其他多边形也如此操作。

（9）编辑线条　在绘制草图时，有时线条必须经过调整、修改，或是通过特殊处理，才能得到所需的形状。常用的命令如图 1.52 所示。

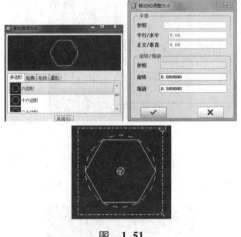

图　1.51

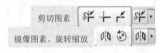

图　1.52

1）动态删除线条：单击 按钮，选取线条，被选取的线条即被删除；也可按着鼠标左键牵引出曲线，和该曲线相交的线条即被删除，如图 1.53 所示。

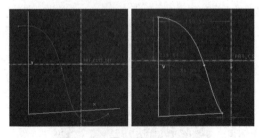

图　1.53

2）修剪/延伸线条：单击＋按钮，选取两条线，则系统自动修剪或延伸两条线，如图 1.54 所示。

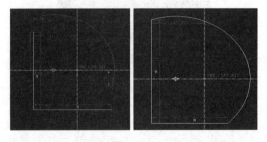

图　1.54

3）分割线条：单击 按钮，选取两条线的交点，则两条线分别在交点处被切成两段；或者在线条上直接指定断点的位置，以将线条打断，如图 1.55 所示。

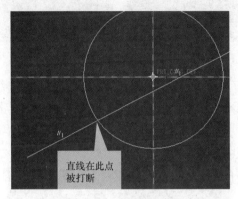

图　1.55

（10）镜像线条　利用命令图标可将线条镜像至中心线的另一侧，产生对称的草图。其操作方式为，先选取线条，然后单击"对称"按钮，再选取中心线，即可使选取的线条镜像至中心线的另一侧，如图 1.56 所示。

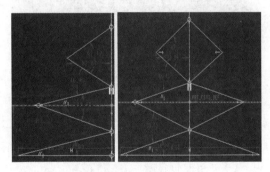

图　1.56

1.2.2　标注尺寸

Pro/E 是全尺寸约束参数化驱动软件，在使用 Pro/E 进行草绘时，系统会自动为所绘制的图元标注尺寸。系统自动标注的尺寸称为弱尺寸，在默认的系统颜色下显示为暗灰色，但是系统提供的尺寸标注不一定全是用户所需要的，这就需要对尺寸进行重新标注和修改，修改后的尺寸称为强尺寸，在默认的系统颜色下显示为黄色。对于正常的尺寸标注，Pro/E 不允许出现多余的尺寸，否

则系统将进行提示，有选择性地删除多余的尺寸或约束。

但有些时候，可能有的尺寸必须要保留下来，为了避免尺寸间的冲突，可将其标注为参照尺寸，方法是用鼠标左键单击要转换的尺寸，单击鼠标右键，在弹出的菜单中选择"参照"即可。

（1）添加强尺寸　不添加强尺寸时，弱尺寸不能被删除，只能被修改。当添加一个强尺寸时，系统会自动删除一个相应的弱尺寸；如果没有相应的弱尺寸，系统则会给出一个对话框让操作者有选择地进行尺寸删除。弱尺寸可直接转换为强尺寸，方法是用鼠标左键单击要转换的弱尺寸，单击鼠标右键，在弹出的菜单中选择"强尺寸"。

（2）线性尺寸　包括直线长度、两点之间的水平或垂直距离、平行线距离标注、点线距离标注等。

1）直线长度：单击鼠标左键（或是单击选择直线的两个端点），然后移动光标，按下鼠标滚轮，即产生尺寸，如图 1.57 所示。

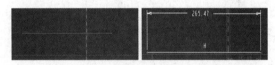

图　1.57

2）直线到点的距离：单击鼠标左键选取一条线与一个点，然后移动光标，按下鼠标滚轮，可产生直线到点的距离尺寸，如图 1.58 所示。

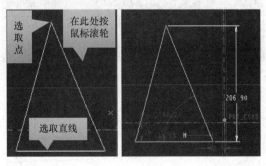

图　1.58

15

3）直线到直线的距离：单击鼠标左键选择两条平行线，然后移动光标，按下鼠标滚轮，产生两条线的距离尺寸，如图 1.59 所示。

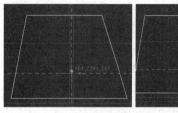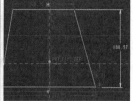

图 1.59

4）点到点的距离：单击鼠标左键选取两个点，然后移动光标，按下鼠标滚轮，即可产生两个点的距离尺寸，如图 1.60 所示。

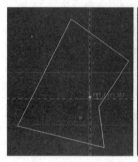

图 1.60

（3）标注圆及圆弧的尺寸

1）半径：单击鼠标左键选取圆与圆弧，然后移动光标，按下鼠标滚轮，即可标出半径，如图 1.61 所示。

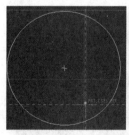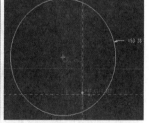

图 1.61

2）直径：单击鼠标左键选取该圆周两次，然后移动光标，按下鼠标滚轮，即可标出直径，如图 1.62 所示。

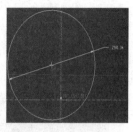

图 1.62

3）两个圆心的距离：单击鼠标左键选取两个圆或圆弧的圆心，然后移动光标，按下鼠标滚轮，即可表示出两个圆心的距离，如图 1.63 所示。

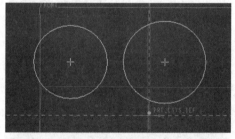

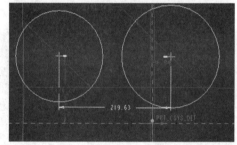

图 1.63

（4）角度标注

1）直线角度的标注：单击鼠标左键分别选择需要标注的两条直线，然后在需要放置尺寸的位置按下鼠标滚轮即可，如图 1.64 所示。

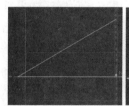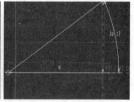

图 1.64

2）圆弧角度标注：用鼠标左键依次单击圆弧两端点和圆弧，然后在需要放置尺寸的地方按下鼠标滚轮即可，如图 1.65 所示。

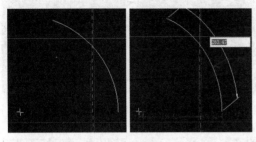

图 1.65

标注尺寸时，若草图有非常小的尺寸，则先以大尺寸画草图线条，再更为小尺寸，即可得到所需的几何形状。

1.2.3 修改尺寸数值

单击主窗口右侧的"修改" 按钮后，单击鼠标左键选取一个或数个尺寸，则这些尺寸列在"修改尺寸"对话框中，可以直接输入每个尺寸的数值（见图 1.66），或滚动鼠标滚轮，使尺寸数值动态变化。

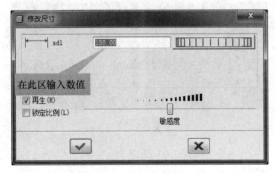

图 1.66

"修改尺寸"对话框左下角有"再生"及"锁定比例"两个复选按钮，其作用如下：

（1）"再生"复选按钮 默认为勾选，即修改一个尺寸数值，则草图的几何形状立即变化；若不勾选，则所有尺寸数值指定完毕，单击确认图标后，草图几何形状方才变化。由于勾选此复选按钮时，每更改一个尺寸，系统会立即计算整个草图的几何形状，

若用户输入的尺寸数值不恰当，会造成系统计算失败，建议用户取消此复选按钮的勾选。

（2）"锁定比例"复选按钮 默认为不勾选，当修改一个尺寸数值时，则仅有此尺寸会改变，若此复选按钮被勾选，则修改一个尺寸数值会造成所有尺寸皆被改变，以维持尺寸间的比例。

例如，单击"修改" 按钮，出现"修改尺寸"对话框，选择取消"再生"复选按钮的勾选，然后更改对话框中的尺寸数值，最后单击对话框的确认图标，如图 1.67 所示。

图 1.67

1.2.4 定义几何约束

所谓几何约束是指构成图形的各图元之间要保持的几何关系，如平行、垂直、水平、竖直、相切、共线、同心等。这种约束可以使图形尺寸改变后，保证图元间的几何关系不发生变化，同时也保证尺寸链的完整性。几何约束是重要的参数类型之一。当进行草图绘制时，系统能进行约束的自动捕捉，当光标出现在某约束条件的公差范围内时，系统会使用默认约束条件，对齐该约束并在图元旁边动态显示该约束的图形符号。

可通过系统默认颜色判别约束。红色表示当前约束，灰色表示弱约束，黄色表示强约束。

另外，在绘制草图中，也可根据实际情况，使用各种约束命令对草图中图元间的几何关系加以限制。按钮与约束内容见表 1.4。

表 1.4　按钮与约束内容

按钮	约束内容	按钮	约束内容
+	铅直线	◈	点位置自动对正、点落在直线上、共线
+	水平线	◂▸	对称
⊥	使两个图元正交	=	等半径、等长
⊘	使两个图元相切	∥	平行
↘	对中		

操作方法如下。

（1）铅直　选一条斜的直线，使其变为铅直线；或选两个点，使两个点位于铅直线上，如图 1.68 所示。

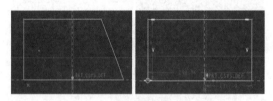

图　1.68

（2）水平　选一条斜的直线，使其变为水平线；或选两个点，使两个点位于水平线上，如图 1.69 所示。

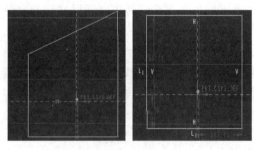

图　1.69

（3）垂直　选两线条，使其互相垂直，如图 1.70 所示。

（4）相切　选两条线条，使其相切，如图 1.71 所示。

（5）对中　选一个点及一条直线，使点位于直线中央，此点可为已做出的点、任

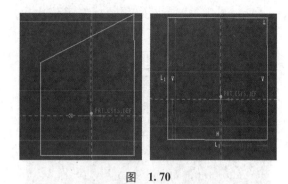

图　1.70

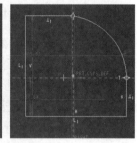

图　1.71

何直线的端点，或者圆、圆弧的圆心，如图 1.72所示。

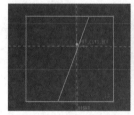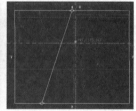

图　1.72

（6）对齐　选两条线，使其对齐，或选一个点和一条直线，使点落在线上，此点可为已做出的点、任何直线的端点，或者圆、圆弧的圆心，如图 1.73 所示。

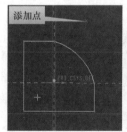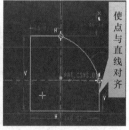

图　1.73

（7）对称　选中心线及两个点，使两个点关于中心线对称，如图 1.74 所示。

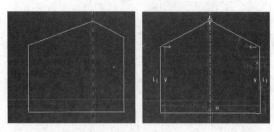

图 1.74

（8）等长、半径　选两条直线，使其等长，或选两个圆、椭圆、弧，使其半径等长，如图 1.75 所示。

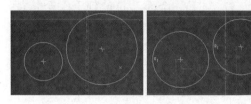

图 1.75

（9）平行　选两条直线或中心线，使其平行，如图 1.76 所示。

图 1.76

1.2.5　删除尺寸

在绘制草图时，若人为加入的尺寸或约束条件与现有的尺寸或约束条件相互抵触，则出现"解决草绘"对话框，解释相抵触的尺寸及约束条件，且这些尺寸及约束条件在草图上以红色显示出来，用户必须删除某些红色的尺寸或约束条件。例如在图 1.77 所示草图中，仅需两个水平尺寸、两个铅直尺寸及一个直径尺寸，但若多了一个水平尺寸"6.00"，则出现"解决草绘"对话框，显示出 2 个约束条件及 3 个尺寸互相抵触，

此时可以下列任一方式处理：

1）将其中一个水平尺寸删除。

2）删除某个约束条件。

3）单击对话框中的"尺寸"→"参照（R）"命令。

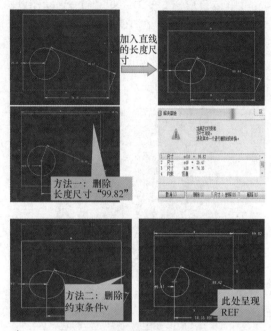

图 1.77

1.3　创建实体特征

Pro/E 是基于特征的三维建模软件，创建零件三维模型的过程也就是创建多个特征的过程。要熟练创建零件三维模型，对基本特征的掌握必不可少。下面将简单介绍几种基本特征。

1.3.1　拉伸特征

在所有的特征中，拉伸特征是应用最多的一种特征，几乎每一个零件或多或少都会涉及。它主要用于简单、形状比较规则的实体的创建。

打开 Pro/E，单击主菜单中的"插入"→"拉伸"命令，或者单击"基础特征"工具栏上的"拉伸"按钮，系统弹出图 1.78 所示的操控板。

图 1.78

单击"放置"→"定义"命令后，出现图 1.79 所示图形，在 TOP、RIGHT、FRONT 中任选其一，作为需要草绘的平面，如图 1.80 所示，单击"草绘"按钮，然后绘制所需要的二维图形。

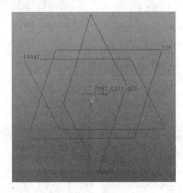

图 1.79

图 1.80

1. 拉伸特征类型

在 Pro/E 中，可创建的拉伸特征类型包括实体伸出项、薄壁伸出项、实体切除、薄壁切除、曲面、曲面裁剪、壁曲面裁剪。

2. 拉伸深度类型

如图 1.81 所示，在 Pro/E 中，系统提供以下 6 种拉伸深度类型。

（1）盲孔　直接输入一个数值确定拉

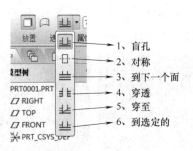

1、盲孔
2、对称
3、到下一个面
4、穿透
5、穿至
6、到选定的

图 1.81

伸深度。

（2）对称　直接输入一个数值，从草绘平面两侧对称拉伸，输入的值为拉伸的总长度。

（3）到下一个面　拉伸到下一个特征的曲面上，即在特征到达指定曲面时终止拉伸。

（4）穿透　由草绘平面沿着拉伸方向一直穿透整个零件为止。

（5）穿至　拉伸到一个选定的曲面。

（6）到选定的　拉伸到一个选定的点、曲线、平面或曲面。

在绘制二维图形之前，应该选择自己所需要的特征是实体还是曲面。如果是拉伸实体，则二维图形必须为封闭的，而曲面特征则是可以开放的。拉伸的应用包括拉伸实体、拉伸曲面、创建回转体零件、去除材料、创建多个基本特征，如图 1.82 ～图 1.86 所示。其中拉伸移除材料时，单击"移除材料" 按钮将二维草图沿草绘平面的垂直方向拉伸出实体，然后由现有零件切掉此拉伸实体，单击图标 可使材料的移除方向颠倒。

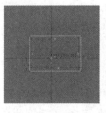

图 1.82

图　1.83

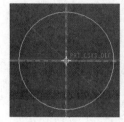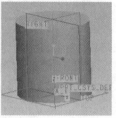

图　1.84

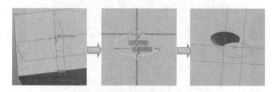

图　1.85

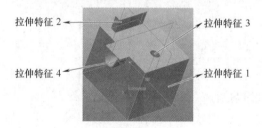

图　1.86

3. 拉伸创建基本特征实例

（1）新建　创建新的零件

（2）以拉伸的方式创建实体特征 1

1）单击主窗口右侧的"拉伸" ⬛按钮，出现 放置　选项　属性 窗口，单击"放置"→"定义"命令。

2）绘制拉伸特征的二维截面草图，单击选择基准平面 TOP、RIGHT、FRONT 中的任一个作为草图的草绘平面。

3）绘制二维图，如图 1.87 所示。

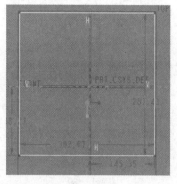

图　1.87

4）单击右下角的 ✔ 按钮，在界面上设置拉伸深度，完成拉伸特征，如图 1.88 所示。

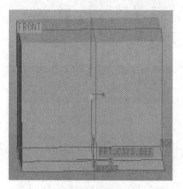

图　1.88

（3）以拉伸的方式创建实体特征 2

1）单击主窗口右侧的"拉伸" ⬛按钮，出现 放置　选项　属性 窗口，单击"放置"→"定义"命令。

2）绘制拉伸特征的二维截面草图，单击要生成特征 2 的那个面作为草图的草绘平面，绘制二维图，如图 1.89 所示。

3）单击右下角的 ✔ 按钮，在界面上设置拉伸深度，完成拉伸特征，如图 1.90 所示。

（4）以拉伸的方式创建实体特征 3

1）单击主窗口右侧的"拉伸" ⬛按钮，出现 放置　选项　属性 窗口，单击"放置"→"定义"命令。

2）绘制拉伸特征的二维截面草图，单

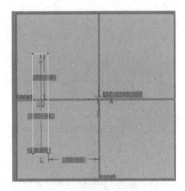

图 1.89

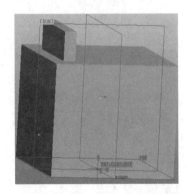

图 1.90

击要生成特征3的那个面作为草图的草绘平面,绘制二维图,如图1.91所示。

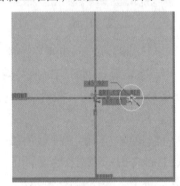

图 1.91

3）单击右下角的 ✓ 按钮,在界面上设置拉伸深度,同时单击"移除材料" ◢ 按钮,完成拉伸移除特征,如图1.92所示。

（5）以拉伸的方式创建实体特征4

1）单击主窗口右侧的"拉伸" 🗗 按钮,出现 放置 选项 属性 窗口,单击"放置"→"定义"命令。

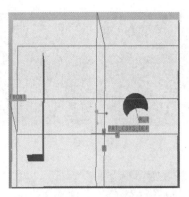

图 1.92

2）绘制拉伸特征的二维截面草图,单击要生成特征4的那个面作为草图的草绘平面,绘制二维图,如图1.93所示。

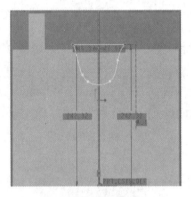

图 1.93

3）单击右下角的 ✓ 按钮,在界面上设置拉伸深度,同时单击"加厚草绘" ▢ 按钮,设置加厚厚度,完成拉伸特征,如图1.94所示。

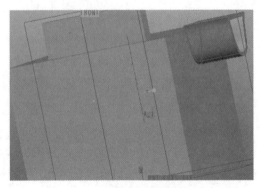

图 1.94

1.3.2 旋转特征

旋转特征主要用于创建回转体特征，其依据为在某一平面上绘制一个二维截面，然后以一条旋转轴转动一个角度，从而得到一个立体特征。

单击主菜单中的"插入"→"旋转"命令，或者单击"基础特征"工具栏上的"旋转" ⊕ 按钮，系统弹出图 1.95 所示的操控板。

图 1.95

单击"放置"→"定义"命令后，在TOP、RIGHT、FRONT 中任选其一，作为需要草绘的平面。单击"草绘"命令，然后绘制所需要的二维图形和一条中心线。

1. 旋转特征类型

在 Pro/E 中，可创建的旋转特征类型包括实体伸出项、薄壁伸出项、实体切除、薄壁切除、曲面、曲面裁剪、薄壁曲面裁剪。如图 1.96 ~ 图 1.99 所示。

图 1.96

图 1.97

图 1.98

图 1.99

2. 旋转角度类型

（1）盲孔 直接输入一个数值确定旋转角度。

（2）对称 直接输入一个数值，从草绘平面两侧对称旋转，输入的值为旋转的总角度。

（3）到选定的 旋转到一个选定的点、曲线、平面或曲面。

要创建旋转特征，必须指定旋转轴。可以自己绘制一条中心线，也可以选择一条边、轴或坐标系的一个轴来作为旋转轴；若创建实体，草绘截面必须是封闭的，如图 1.100所示。

图 1.100

3. 创建回转体特征实例

1）单击主窗口右侧的"旋转" ⚙ 按钮，出现 放置 选项 属性 窗口，单击"放置"→"定义"命令。

2）绘制拉伸特征的二维截面草图，单击基准平面中 TOP、RIGHT、FRONT 任一个为草图的草绘平面，绘制二维图，如图1.101所示。

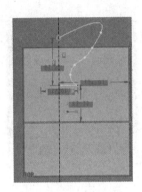

图　1.101

3）单击右下角的 ✔ 按钮，在画面上设置旋转角度，单击去除材料，完成旋转去除特征，如图1.102所示。

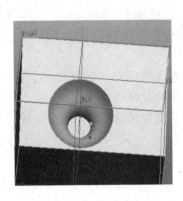

图　1.102

1.3.3　扫描特征

扫描建模方法的原理为通过沿指定轨迹扫描二维截面来创建立体特征。单击主菜单中的"插入"→"扫描"命令，系统弹出"扫描"子菜单。利用该菜单可创建的几种常用特征，如图1.103所示。

图　1.103

1. 扫描三要素

扫描是沿路径和引导线移动轮廓所形成的特征。由以上概念可知，扫描特征有三个元素，即轮廓、路径和引导线。

（1）轮廓　扫描特征只支持单一草图且草图必须是闭环的，不能自相交叉。草图可以包括多个轮廓，多轮廓可以是嵌套的，也可以是分离的。

（2）路径　一般情况下，扫描路径决定草图轮廓的移动方向。系统还利用路径来决定扫描过程中各中间界面的位置，直线、闭合曲线、一组模型边线、开放曲线和空间曲线都可以作为扫描特征的路径。

路径是"轮廓"所走的"轨迹"，路径驱动轮廓草图上一个特定的点在扫描过程中沿着指定的轨迹移动，这个点就是路径与草图平面的交点。由此可见，路径必须与轮廓草图相交，开口路径的起点必须在轮廓草图平面上。

（3）引导线　引导线是"导航仪"，它强制草图平面上的一个特定点在扫描过程中沿着引导线移动，直接或间接控制草图轮廓线在扫描过程中形状和位移的变化。在三要素中，草图轮廓、路径是必须有的，引导线可有可无，可以是一条，也可以是多条。

使用引导线时必须注意以下内容。

1）应保证在扫描过程中引导线与轮廓草图平面始终有交点。

2）轮廓草图平面上的一个点（草图上

的点或其他实体上的点）与引导线有一个"穿透点"的约束关系，以保证在扫描过程中草图上的该点能始终在引导线上。

3）轮廓草图平面在扫描过程中不断改变位置，路径和引导线在扫描过程中始终保持在原有位置上不动。

2. 扫描轨迹线

在创建扫描特征时，系统将根据轨迹线的不同，得到不同的结果，即开放的轨迹线和闭合的轨迹线。

（1）开放的轨迹线　如果绘制的轨迹线是开放的（即首位不闭合），并且所产生的扫描特征没有与其他已经存在的特征相交，则系统将创建出一个独立的扫描特征；如果产生的扫描特征与其他已经存在的特征相交，则系统会弹出"合并端"和"自由端"管理器，要求用户定义扫描特征与另一特征的结合状态。

1）合并端：将扫描端点合并到相邻几何。

2）自由端：不将扫描端点连接到相邻几何。

（2）闭合的轨迹线　如果绘制的轨迹线是闭合的，系统会弹出"添加内表面"和"无内表面"管理器，要求用户定义扫描特征的内部填充状态，如图 1.104 所示。

图　1.104

1）添加内表面：须绘制开放的二维截面，系统将自动添加顶面和底面，以闭合扫描实体。

2）无内表面：必须绘制闭合的二维截面，系统不添加顶面和底面。

3. 扫描实体特征实例

（1）绘制一个零件　零件如图 1.105 所示。

图　1.105

（2）绘制扫描轨迹线

1）选择基准平面 FRONT 为草绘平面。

2）单击主窗口右侧的"草绘" ⌇ 按钮，零件转为前视图。单击"草绘"对话框中的"草绘"按钮绘制轨迹线，如图 1.106 所示。

图　1.106

（3）扫描出实体特征

1）单击工具栏"可变剖面扫描" 按钮，选择"创建实体" 按钮，使扫描特征为实体。

2）单击"绘制剖面" 按钮绘制扫描剖面，如图 1.107 所示。

图　1.107

3）单击"选项"后，选中"恒定剖面"单选按钮，再勾选"合并端"复选按钮，如图1.108所示，使扫描特征与零件紧密结合。扫描后如图1.109所示。

图　1.108

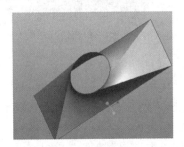

图　1.109

1.3.4　混合特征

混合建模方法的原理为将两个或两个以上的二维截面在其边界用过渡曲面连接形成一个连续的立体特征，如图1.110所示。

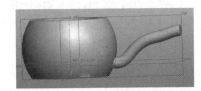

图　1.110

单击主菜单中的"插入"→"混合"命令，系统弹出"混合"子菜单，如图1.111所示。利用该菜单可创建混合特征。

1. 混合特征类型

（1）平行　所有的二维截面都在同一窗口中绘制，并且所有的二维截面都互相平行。

（2）旋转　二维截面绕Y轴旋转，最大角度可达120°，每个二维界面都单独草绘，并用坐标系对齐。

图　1.111

（3）一般　二维截面可以绕X轴、Y轴和Z轴旋转，也可以沿这三个轴平移，每个二维截面都单独草绘，并用坐标系对齐。

2. 混合特征实例

（1）实例一

1）单击"混合"→"伸出选项"→"平行"→"完成"→"光滑"→"选一个平面"→"缺省"→"绘制截面"命令，然后单击鼠标右键选择"切换截面"，如图1.112所示。

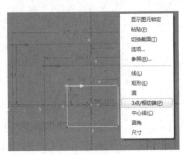

图　1.112

2）截面绘制完成后，设置深度类型及每个截面的深度值，如图1.113和图1.114所示。

图　1.113

图 1.114

3）所绘制的实例如图 1.115 所示。

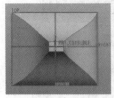

图 1.115

（2）实例二——五棱锥

1）选择基准平面 FRONT 为草绘平面，单击主窗口右侧的"草绘" 按钮，绘制正五边形，如图 1.116 所示。

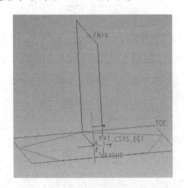

图 1.116

2）单击主窗口右侧的"点" 按钮，在正五边形正上方创建一个点。

3）单击主窗口右侧的"曲线" 按钮，经过点创建五条棱边，如图 1.117 和

图 1.117

图 1.118 所示。

图 1.118

4）单击主窗口右侧的边界"混合" 按钮，如图 1.119 所示。

图 1.119

5）第一个方向上选择五条棱边，第二个方向上选择五边形，如图 1.120 所示。

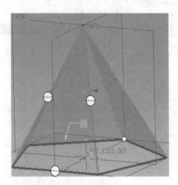

图 1.120

6）单击"封闭曲面转换为实体"→"编辑"→"实体化"命令，将曲面转换为实体，如图 1.121 所示。

（3）实例三

1）单击"插入"→"混合选项"→"伸出项"→"旋转的"→"完成"命令，如图 1.122 所示。

2）单击"光滑"→"封闭的"→"完成"命令，如图 1.123 所示。

3）设置草绘平面，单击"确定"→"缺

省"→"绘制截面"命令,如图 1.124 ~ 图 1.128所示。

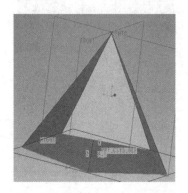

图 1.121

图 1.122   图 1.123

图 1.124   图 1.125

图 1.126

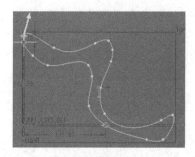

图 1.127

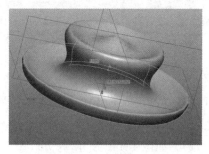

图 1.128

进行上述操作时一定要考虑内部坐标系。此外,混合特征的每个二维截面的图元数必须相等,而且要保持起始点的位置相同,否则系统将创建扭曲的特征。

1.3.5 扫描混合特征

扫描混合特征是将一组截面在其边外用过渡曲面沿某一条轨迹线"扫掠"形成一个连续特征,既具有扫描特征的特点又具有混合特征的特点。扫描混合特点至少需要两个以上的截面,如图 1.129 所示。

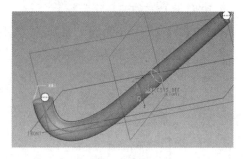

图 1.129

1. 截面基本特征

(1)垂直于原始轨迹 截面在整个长度上保持垂直于原始轨迹。

（2）轴心方向 沿轴心方向看去，截面将与原始轨迹保持垂直。

（3）垂直轨迹 必须选取两条轨迹。原始轨迹将决定沿该特征长度的截面原点。在沿该特征长度上，该截面平面将保持与垂直轨迹垂直。

2. 插入截面的方法

1）单击主菜单中的"插入"→"扫描混合"命令。系统界面，如图 1.130 所示。

2）单击"截面"命令，弹出图 1.131 所示的对话框。

图 1.130

图 1.131

3）单击"插入"按钮，选取点或顶点定位截面。

4）单击"草绘"按钮，绘制所需要的二维截面，如图 1.132 所示。

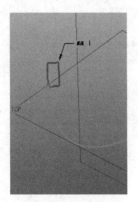

图 1.132

5）继续插入下一个截面，如图 1.133 所示。

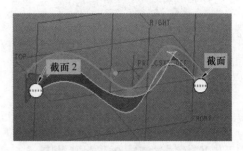

图 1.133

要注意的是所有截面都必须与轨迹线相交；对于封闭轨迹轮廓，必须在起始点和至少一个其他位置上有草绘截面；对于开放式的轨迹轮廓，必须在起始点和终止点创建截面。

3. 混合特征创建实例

下面介绍一个创建水杯的例子，把前面提到的基本特征囊括其中。

（1）旋转杯体

1）单击主窗口右侧的"旋转" 按钮，出现 放置 选项 属性 窗口，单击"放置"→"定义"按钮，绘制拉伸特征的二维截面草图，单击基准平面中的 TOP、RIGHT、FRONT 任一个作为草图的草绘平面，以 TOP 面为例，如图 1.134 所示。

图 1.134

2）单击"草绘"按钮，进入二维界面，并绘制草图，如图 1.135 和图 1.136 所示。

3）单击右下角的 ✔ 按钮，完成草绘，如图 1.137 所示。

图　1.135

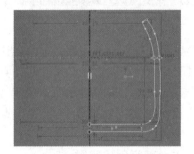

图　1.136

图　1.137

图　1.138

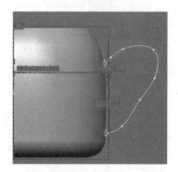

图　1.139

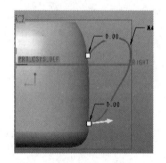

图　1.140

（2）扫描混合手柄

1）单击主窗口右上角的"草绘" 按
钮，以 FRONT 面作为草绘平面绘制手柄轨
迹。为了使轨迹与杯体相交，使用 命令，
结果如图 1.138 和图 1.139 所示。

2）单击 按钮，如图 1.140 所示，单
击主菜单中的"插入"→"扫描混合"命令。

3）单击"截面"并选择"轨迹起点"→
"草绘"→"绘制截面"命令，如图 1.141 和
图 1.142 所示。

4）单击"完成"→"插入"→"选取轨迹
终点"→"草绘"→"绘制截面"命令，单击
按钮，如图 1.143所示。

图　1.141

图　1.142

图　1.143

1.4　特征操作

在"特征"菜单中，有一组命令是专门针对特征进行操作的，可单击菜单栏中的"编辑"→"特征操作"命令，来激活"特征"菜单。

1.4.1　特征镜像和几何镜像

对于一些具有对称特性的特征，一般绘制部分实体，然后采用镜像命令。镜像命令不仅可以镜像实体上的某一特征，还可以镜像整个实体，即允许复制镜像平面周围的曲面、曲线、阵列和基准特征。所有的镜像特征均通过"镜像" 按钮完成。

1. 特征镜像

通常采用"所有特征"和"选定特征"两种方法镜像特征。

（1）所有特征　此方法可复制特征并创建包含模型所有特征的合并特征，如图 1.144 所示。使用此方法时，必须在"模型树"选项卡中选取所有特征和零件节点。

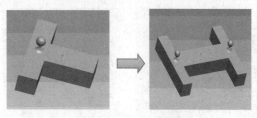

图 1.144　所有特征镜像

（2）选定特征　此方法仅复制选定的特征，如图 1.145 所示。

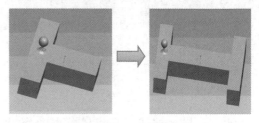

图 1.145　选定特征镜像

2. 几何镜像

允许镜像诸如基准、面组和曲面等几何特征，也可在"模型树"选项卡选取相应节点来镜像整个零件。镜像特征操作步骤如下。

1）新建文件，通过"拉伸" →"旋转" 按钮形成图 1.146 和图 1.147 所示的三维实体。

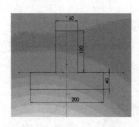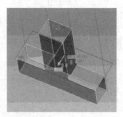

图　1.146

2）在绘图区选择拉伸 1 和旋转 2，在菜单栏中选择"编辑"→"镜像"命令，或单击"编辑特征"工具栏中的"镜像"

按钮，打开"镜像"操控板。

3）单击"参照"按钮，打开下滑面板，此时的镜像平面设置为"曲面：F5（拉伸_1）"，如图1.148所示。

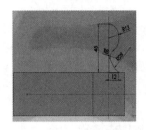

图 1.147

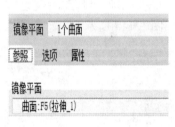

图 1.148

4）单击 ✓ 按钮，完成镜像特征的操作，结果如图1.149所示。

图 1.149

1.4.2 特征阵列

特征阵列是指按照一定的排列方式复制特征。在创建阵列时，通过改变某些指定尺寸，可创建选定特征的实例，结果将得到一个特征阵列。特征阵列包含方向、尺寸、轴、填充、曲线和参照阵列6种类型，其中尺寸和方向两种阵列方式的结果为矩形阵列，而轴阵列方式的结果为圆形阵列。

1. 方向阵列

方向阵列是指通过指定方向并通过拖动控制滑块设置阵列增长的方向和增量来创建

自由形式的阵列，即先指定特征的阵列方向，然后指定尺寸值和行列数的阵列方式。方向阵列分为单项和双向。设置方向阵列的具体操作步骤如下。

1）通过"拉伸" 按钮得到图1.150所示的特征实体。

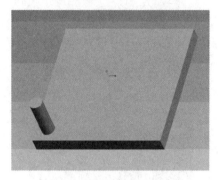

图 1.150

2）在"模型树"中选择"拉伸2"，单击"编辑"→"阵列" 按钮，打开"阵列"操控板，在"阵列类型"下拉列表中选择"方向"选项，如图1.151所示。

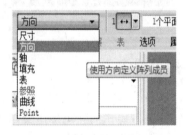

图 1.151

3）在操控板中单击"1"后面的文本框，在模型中选取FRONT基准平面，并给定阵列个数为"5"，尺寸为"20"，在操控板中单击"2"后面的文本框，在模型中选取RIGHT基准平面，并给定阵列个数为"5"，尺寸为"20"，设置如图1.152所示。

4）单击"完成"按钮，完成方向阵列特征的操作，结果如图1.153所示。

2. 尺寸阵列

尺寸阵列是通过选择特征的定位尺寸进行阵列。创建尺寸阵列时，选取特征尺寸，

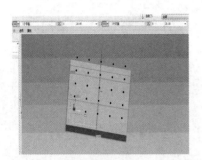

图 1.152

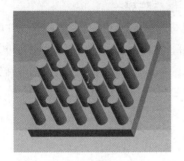

图 1.153

并指定这些尺寸的增量变化以及阵列中的特征实例。尺寸特征可以是单向阵列（如孔的线性阵列），也可以是双向阵列（如孔的矩形阵列）。根据所选取要更改的尺寸，阵列可以是线性的或具有角度的。创建尺寸阵列的具体操作步骤如下。

1) 通过"拉伸" 按钮得到图 1.154 所示的特征实体。

图 1.154

2) 在"模型树"中选择"拉伸 2"，单击"编辑"→"阵列" 按钮，打开"阵列"操控板，在"阵列类型"下拉列表中选择"尺寸"选项，如图 1.155 所示。

图 1.155

3) 在操控板中单击"1"后面的文本框，在模型中选取水平尺寸"40"，将其改为"20"，设置阵列个数为"5"，在操控板中单击"2"后面的文本框，在模型中选取水平尺寸"40"，将其改为"20"，设置阵列个数为"5"，如图 1.156 所示。

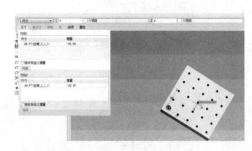

图 1.156

4) 单击"完成"按钮，完成尺寸阵列特征的操作，结果如图 1.157 所示。

图 1.157

3. 轴阵列

轴阵列是指特征环绕旋转中心轴在圆周上创建阵列。圆周阵列第一方向尺寸用来定义圆周方向上的角度增量，第二方向尺寸用来定义阵列径向增量。创建轴阵列的具体操作步骤如下。

1）通过"拉伸"  按钮得到如图 1.158 所示的特征实体，然后通过方向阵列得到如图 1.159 所示的特征实体。

图　1.158

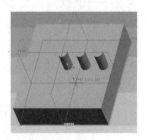

图　1.159

2）在"模型树"选项卡中选择"阵列 1/拉伸 2"选项，单击"编辑"工具栏中的"阵列" 按钮，打开"阵列"操控板，在"阵列类型"下拉列表中选择"轴"选项，如图 1.160 所示。

图　1.160

3）单击操控板中"1"后面的文本框，在模型中选取轴"Z"，并给定阵列个数为"4"、角度为"90°"，如图 1.161 所示。

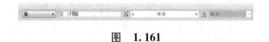

图　1.161

4）单击操控板中的"完成"按钮，阵列结果如图 1.162 所示。

图　1.162

4. 填充阵列

填充阵列是指根据栅格、栅格方向和成员间的间距从原点变换成员位置而创建的。草绘的区域和边界余量决定创建的成员，将创建中心位于草绘边界内的任何成员。边界余量不会改变成员的位置。

1）通过"拉伸"  按钮创建图 1.163 所示特征。

2）在"模型树"中选择"拉伸 2"，单击"编辑"工具栏中的"阵列" 按钮，打开"阵列"操控板，在"阵列类型"下拉列表中选择"填充"选项，如图 1.164 所示。

图　1.163

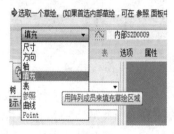

图　1.164

3）在操控板中依次单击"参照"→"定义"按钮，在打开的"草绘"对话框中选取"拉伸 1"的平面作为草绘平面。

4）单击"草绘器工具"工具栏中的"调色板" 🌑 按钮，在打开的对话框中选取正六边形，双击鼠标左键，将其插入到图形中，如图 1.165 所示。

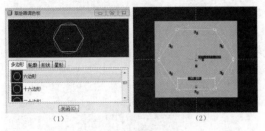

图　1.165

5）单击 ✔ 按钮，退出草绘截面。

6）返回"阵列"操控板，设置参数，如图 1.166 所示。

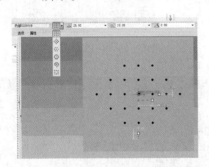

图　1.166

7）单击 ✅ 按钮，完成填充阵列特征的操作，结果如图 1.167 所示。

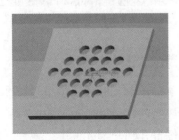

图　1.167

8）保存文件到指定的位置并关闭当前对话框。

5. 曲线阵列

曲线阵列可以沿着引导曲线进行，引导曲线可在阵列的过程中创建，也可以在原始特征前面创建。创建曲线阵列的操作步骤如下。

1）通过"拉伸" 🗗 按钮创建图 1.168 所示三维实体模型。

图　1.168

2）选择模型中的"拉伸 2"，效果如图 1.169 所示，然后选择菜单中的"编辑"→"阵列" 🔲 按钮。

图　1.169

3）在"阵列"操控板中，选择阵列方式为"曲线"，如图 1.170 所示。

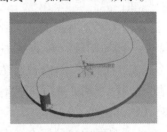

图　1.170

4）选择草绘曲线"草绘 1"作为参照，单击"曲线上均部" 🔧 按钮，然后定义数量为"10"，如图 1.171 所示。

5）单击操控板中的 ✅ 按钮，结果如图 1.172 所示。

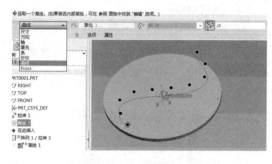

图　1.171

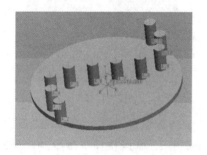

图　1.172

操控板上的 按钮用来定义阵列特征实例间距，按钮用来定义沿曲线阵列的数量。

6. 参照阵列

通过参照另一个阵列来创建阵列，也就是阵列的驱动特征至少有一个父特征是某个阵列中的一员。这样特征的阵列就会根据父特征的阵列方式来自动创建。参照阵列的创建操作步骤如下。

1）打开图 1.172 所示的阵列结果，创建圆角特征，选择圆柱（阵列圆柱特征中的第一个特征）的边，单击鼠标右键，在右键菜单中选择"倒圆角" 按钮，定义圆角值为"5"，如图 1.173 所示。

2）选择模型中创建的圆角特征，然后选择菜单中的"编辑"→"阵列" 按钮，系统默认采用"参照"阵列进行阵列，如图 1.174 所示。

3）单击操控板中的 按钮，完成操作，结果如图 1.175 所示。

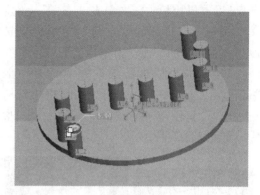

图　1.173

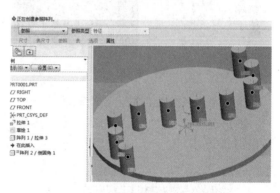

图　1.174

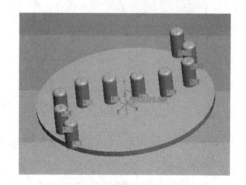

图　1.175

1.5　装配

在 Pro/E 中，设计的单个零件需要通过装配形成组件，组件通过一定的约束方式将多个零件合并到一个元件中。元件之间的位置关系可以进行设计和修改，从而满足客户的设计要求。本节将讲解装配零件的过程、元件之间的约束关系，从而更清晰地表现出

各元件之间的位置关系。

1.5.1　装配简介

零件装配功能是 Pro/E 非常重要的功能之一。装配环境的用户界面如图 1.176 所示。

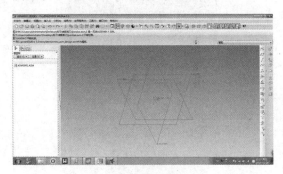

图　1.176

整个环境的布局和零件设计时的布局基本一致，不同的是在"基准"工具栏中增加了以下五个选项，如图 1.177 所示。

（1）装配　该命令的功能是打开已有的元件并将其添加到当前的装配体中。

（2）创建　该命令的功能是在当前装配环境下创建元件并将其添加到当前的装配体中。

（3）封装　在没有严格约束的情况下向组件中添加元件。

（4）包括　在活动组件中包括没有放置的元件。

（5）挠性　向组件中添加挠性元件。

图　1.177

1.5.2　创建装配图

如果要创建一个装配体模型，首先要创建一个装配体模型文件。在菜单栏中选择

"文件"→"新建"命令，或单击"文件"工具栏中的"新建"按钮，打开"新建"对话框。在"类型"选项组中选中"组件"单选按钮，在"子类型"选项组中选中"设计"单选按钮，单击"确定"按钮，进入装配环境。

此时在绘图区中有 3 个默认的基准平面，如图 1.178 所示。这 3 个基准平面相互垂直，是默认的装配基准平面，作为放置零件时的基准，尤其是第一个零件。

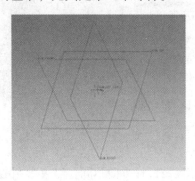

图　1.178

1.5.3　装配约束

在整个装配过程中零件之间相对位置的确定需要配合关系，这个关系就称为装配约束。为了能够控制和确定元件之间的相对位置，往往需要设置多种约束条件。在 Pro/E 的"约束类型"下拉列表中包含 11 种约束类型，如图 1.179 所示。

图　1.179

1. 约束类型的含义

（1）自动　由系统通过猜测来设置适当的约束类型，如配对、对齐等。使用过程

中用户只需选取元件和相应的组建参考即可。

（2）匹配　使两个参照"面对面"，法向方向相互平行并且方向相反，约束参照的类型必须相同（如平面对平面、旋转对旋转、点对点、轴对轴），如图 1.180 所示。匹配约束偏移类型分为定向、偏距和重合 3 种。

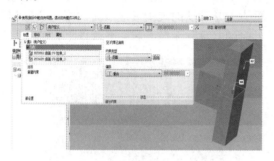

图　1.180

（3）对齐　使两个参照"对齐"，法向方向相互平行且方向相同，约束参照的类型必须相同（如平面对平面、旋转对旋转、点对点、轴对轴），如图 1.181 和图 1.182 所示。对齐约束偏移方式分为定向、偏距和重合 3 种。

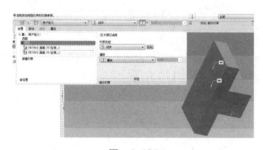

图　1.181

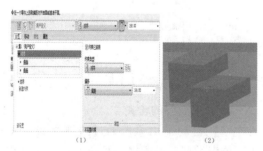

（1）　　　　　（2）

图　1.182

（4）插入　将一个旋转曲面插入另一个旋转曲面中，且使它们同轴，如图 1.183 ~ 图 1.186所示。当轴选取无效或不方便时，可使用此约束。

图　1.183

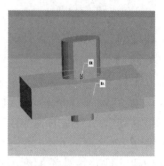

图　1.184

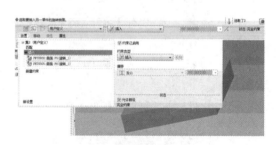

图　1.185

图　1.186

（5）坐标系　通过两个元件上的某一

个坐标系相互重合来完成约束，包括原点和各坐标系分别重合。

（6）相切　使不同原件上的两个参考呈相切状态。

（7）线上点　使一个元件的参照点落于另一个图元参照线上，或位于该线的延长线上。

（8）曲面上的点　使一个元件上作为参照的基准点或顶点落在另一个图元的某一参照面或该面的延伸面上。

（9）曲面上的边　使一个元件上作为参照的边落在另一个图元的某一参照面或该面的延伸面上。

（10）固定　在目前位置直接固定元件的相互位置，使之达到完全约束的状态。

（11）缺省　使两个元件的缺省坐标系相互重合并固定相互位置，使之达到完全约束的状态。

2. 放置约束的原则

1）匹配和对齐约束参照的类型必须相同（如平面对平面、旋转对旋转、点对点、轴对轴）。

2）为匹配和对齐约束输入偏距值时，系统显示偏移方向。若选取相反方向，可输入一个负值或在绘图区拖动控制柄。

3）一次添加一个约束。不能使用一个单一的对齐约束选项，将一个零件上两个不同的孔与另一个零件上两个不同的孔对齐，必须定义两个单独的对齐约束。

4）放置约束集来完全定义位置和方向。例如，将一对曲面约束设置为配对，另一对设置为插入，还有一对设置为对齐。

5）旋转曲面是指通过旋转一个截面，或拉伸圆弧/圆而形成的曲面。可在放置约束中使用的曲面仅限于平面、圆柱面、圆锥面、环面和球面。

6）相同曲面是指包括一个曲面和通过人工边连接的所有曲面的曲面集，如通过拉伸或旋转创建的圆柱曲面是由两个通过两条

人工边连接的曲面构成的。圆柱面、圆锥面、球面和环面均为可用的曲面。

1.5.4　进行零件装配

关于零件装配及装配约束这两个方面的具体应用，下面将通过一个具体的综合实例——剪刀的装配进行讲解。

剪刀装配体由刀部、剪刀柄部和铆钉等零件组成，如图 1.187 所示。

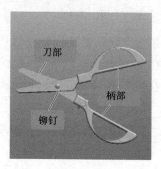

图　1.187

1. 刀部

本实例创建的刀部如图 1.188 所示。

图　1.188

（1）新建文件零件　单击"文件"工具栏中的"新建" 按钮，以"daobu"为名称，创建一个新的文件零件。

（2）拉伸剪刀基体

1）单击"基础特征"工具栏中的"拉伸" 按钮，打开"拉伸"操控板。

2）在操控板中依次单击"放置"→"定义"命令，系统打开"草绘"对话框，选取 FRONT 基准平面作为草绘平面，单击"草绘"按钮，进入草绘环境。

3）单击"草绘器工具"工具栏中的

"线" ＼ 按钮和 "圆心和点" ○ 按钮，绘制图 1.189 所示的截面。

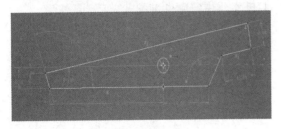

图　1.189

4）单击 "草绘器工具" 工具栏中的 ✔ 按钮，退出草绘环境。

5）在操控板中设置拉伸方式为 "盲孔" ⬆，给定拉伸深度值为 "3"。单击操控板中的 "预览" ∞ 按钮预览模型，如图 1.190 所示。

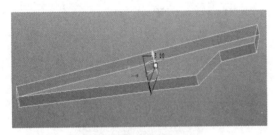

图　1.190

6）单击操控板中的 ✔ 按钮，完成拉伸特征的创建。

（3）创建偏移基准平面　创建平行于剪刀刀部的一个端面的基准平面。

1）单击 "基准" 工具栏中的 "平面" ▱ 按钮，打开 "基准平面" 对话框。

2）选取剪刀刀部的一个端面作为偏移平面，选取圆孔的象限点，如图 1.191 所示。

3）单击 "基准平面" 对话框中的 "确定" 按钮，在绘图区和 "模型树" 选项卡中均添加 DTM1 基准平面。

（4）切除剪刀刀口

1）单击 "基础特征" 工具栏中的 "拉伸" 🗗 按钮，打开 "拉伸" 操控板。

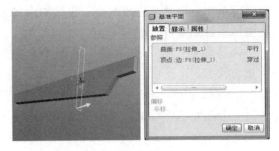

图　1.191

2）在操控板中依次单击 "放置" → "定义" 命令，系统打开 "草绘" 对话框，选取 DTM1 基准平面作为草绘平面，单击 "草绘" 按钮，进入草绘环境，绘制图 1.192 所示的三角形，并修改尺寸。

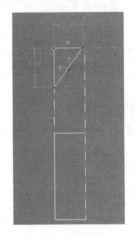

图　1.192

3）在操控板中设置拉伸方式为 "穿透" ⬆，单击 "去除材料" 按钮，再单击操控板中的 "预览" ∞ 按钮预览模型。

（5）创建拔模面

1）单击 "工程特征" 工具栏中的 "拔模" 🗗 按钮，打开 "拔模" 操控板。

2）单击操控板中的 "参照" 按钮，在 "参照" 下滑面板中单击 "拔模曲面" 列表框，按住 < Ctrl > 键，选取图 1.193 所示零件的侧面作为拔模面；单击 "拔模枢轴" 列表框选取图 1.193 所示零件的底面作为拔模枢轴（或中心面）。在选取拔模枢轴时应注意：第一，所选取的表面必须垂直于正在拔模的曲面；第二，拔模枢轴定义旋转拔模曲面的旋转点，拔模枢轴曲面将保持它的形状和尺寸。单击"拖拉方向"列表框，选取图 1.193 所示零件的底面作为拖拉方向平面，拖拉方向平面必须垂直于拔模表面。因此，这个表面通常与拔模枢轴相同，Pro/E 自动使拖拉方向平面与拔模枢轴相同。

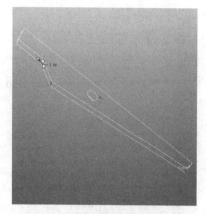

图 1.194

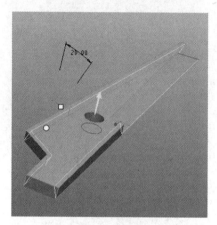

图 1.193

3）在操控板中给定拔模角度值为 20°，然后单击"预览" 按钮预览模型。

4）单击操控板中的 按钮，完成拔模面的创建。

（6）创建倒圆角特征

1）单击"工程特征"工具栏中的"倒圆角" 按钮，打开"倒圆角"操控板。按住 < Ctrl > 键，在拉伸特征的侧面选取 3 条边，如图 1.194 所示，在操控板中给定圆角半径"5"。

2）单击操控板中的"预览" 按钮预览模型，然后单击 按钮，完成倒圆角特征的创建。

3）保存文件到指定的位置并关闭当前对话框。

2. 柄部

本实例创建的柄部如图 1.195 所示。

（1）新建文件零件 以"bingbu"为名称，创建一个新的文件零件。

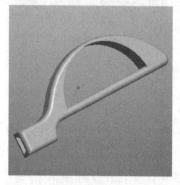

图 1.195

（2）拉伸剪刀柄部基体

1）单击"基础特征"工具栏中的"拉伸"按钮 ，打开拉伸操控板。在"拉伸"操控板中依次单击"放置"→"定义"命令，系统打开"草绘"对话框，选取 FRONT 基准平面作为草绘平面，单击"草绘"按钮，进入草绘环境。

2）绘制图 1.196 所示的截面并修改尺寸。

图 1.196

3）单击"草绘器工具"工具栏中的

41

按钮，退出草绘环境。

4）设置拉伸方式为"盲孔" ⬆，给定拉伸深度值为"8"，单击操控板中的"预览" ∞ 按钮预览模型，如图1.197所示。

图　1.197

5）单击 ✔ 按钮，完成拉伸特征的创建。

（3）创建倒圆角特征

1）单击"工程特征"工具栏中的"倒圆角" 🍹 按钮，打开"倒圆角"操控板。按住 < Ctrl > 键，在拉伸特征的四周选取倒圆角边，如图1.198所示（加粗亮显示的边）。在操控板中给定圆角半径为"2"。

图　1.198

2）预览模型然后单击 ✔ 按钮，完成倒圆角特征的创建，如图1.199所示。

（4）切除剪刀刀部插口

1）单击"基础特征"工具栏中的"拉伸" 🗂 按钮，打开"拉伸"操控板。在"拉伸"操控板中依次单击"放置"→"定义"命令，系统打开"草绘"对话框，选取图1.200所示的面作为草绘平面，单击

"草绘"按钮，进入草绘环境。

2）绘制图1.201所示的矩形并修改尺寸。

图　1.199

图　1.200

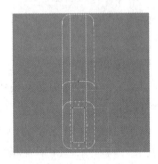

图　1.201

3）设置拉伸方式为"盲孔" ⬆，给定拉伸深度值为"13"。单击"去除材料"按钮。单击操控板中的"预览" ∞ 按钮预览模型，如图1.202所示。单击 ✔ 按钮，完成剪刀刀部插口特征的创建。

（5）创建插口拔模面

1）单击"工程特征"工具栏中的"拔模" 🔧 按钮，打开"拔模"操控板。

2）单击操控板中的"参照"按钮，在"参照"下滑面板中单击"拔模曲面"列表框，按住 < Ctrl > 键，选取图 1.202 所示的 2 个平面，单击"拔模枢轴"列表框，选取图 1.203 所示零件的底面作为拔模枢轴（或中心面）。再单击"拖拉方向"列表框，选取拉伸切除的底面作为拖动方向平面。

图 1.202

图 1.203

3）在操控板中给定拔模角度值为"20°"，然后单击"预览" 按钮预览模型。

4）单击操控板中的 按钮，完成插口拔模面的创建。

5）保存文件到指定的位置并关闭当前对话框。

3. 铆钉

本实例创建的铆钉如图 1.204 所示。

（1）新建文件零件 单击"文件"工具栏中的"新建" 按钮，以"maoding"为名称，创建一个新的文件零件。

（2）拉伸铆钉体

1）单击"基础特征"工具栏中的"拉伸" 按钮，打开"拉伸"操控板。在"拉伸"操控板中依次单击"放置"→"定义"命令，系统打开"草绘"对话框，选取 FRONT 基准平面作为草绘平面，单击"草绘"按钮，进入草绘环境。

2）单击"草绘器工具"工具栏中的"圆心和点" O 按钮，绘制图 1.205 所示的圆并修改尺寸。

图 1.204

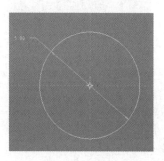

图 1.205

3）单击"草绘器工具"工具栏中的 按钮，退出草绘环境。

4）设置拉伸方式为"盲孔" ，给定拉伸深度值为"8"。单击操控板中的"预览" 按钮预览模型，如图 1.206 所示。

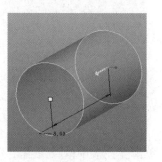

图 1.206

5）单击操控板中的 ✔ 按钮，完成铆钉体拉伸特征的创建。

（3）旋转铆钉头

1）单击"基础特征"工具栏中的"旋转" ⬥ 按钮，打开"旋转"操控板。在操控板中依次单击"放置"→"定义"命令，系统打开"草绘"对话框，选取 TOP 基准平面作为草绘平面，单击"草绘"按钮，进入草绘环境。

2）单击"草绘器工具"工具栏中的"线" ╲ 按钮和"3 点/相切端" ⌒ 按钮，绘制图 1.207 所示的截面并修改尺寸。

图　1.207

3）单击"草绘器工具"工具栏中的 ✔ 按钮，退出草绘环境。

4）在操控板中设置拉伸方式为"指定" ⬓，给定旋转角度值为"360°"。单击操控板中的"预览" ∞ 按钮预览模型，如图 1.208 所示。

图　1.208

5）单击操控板中的 ✔ 按钮，完成铆钉头旋转特征的创建。

（4）保存文件　对创建的文件进行保存。

4. 装配

本实例装配的剪刀如图 1.209 所示。

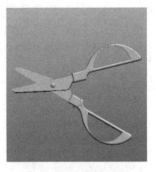

图　1.209

（1）新建文件　单击"文件"工具栏中的"新建" ▯ 按钮，系统打开"新建"对话框，在"类型"选项组中选中"组件"单选按钮，在"子类型"选项组中选中"设计"单选按钮，在"名称"文本框中输入文件名"jiandao"，其他选项接受系统默认设置，单击"确定"按钮，创建一个新的装配文件。

（2）导入文件零件

1）单击"工程特征"工具栏中的"装配" ⬚ 按钮，系统打开"打开"对话框，选择"bingbu. prt"文件零件，单击"打开"按钮，将其添加到装配环境中。

2）在打开的"零件放置"操控板中设置约束类型为缺省，然后单击 ✔ 按钮。此时在缺省位置装配零件，零件的缺省基准平面与装配体模型的缺省基准平面对齐。

（3）添加第一个刀部零件并装配

1）单击"工程特征"工具栏中的"装配" ⬚ 按钮，系统打开"打开"对话框，选择"daobu. prt"文件零件，单击"打开"按钮，将其添加到装配环境中。

2）在打开的"零件放置"操控板中单击"放置"按钮，打开"放置"下滑面板，设置约束类型为"配对"，然后进行装配。

① 在"约束类型"下拉列表中选择"配对"选项，在绘图区选取剪刀刀部孔的内侧面和柄部的小侧面，如图 1.210所示。

② 单击下滑面板中的"新建约束"按钮，在"约束类型"下拉列表中选择"配对"选项，选取剪刀刀部的侧面和柄部孔的内侧面，如图 1.211 所示。

图　1.210

图　1.211

③ 单击下滑面板中的"新建约束"按钮，在"约束类型"下拉列表中选择"配对"选项，在绘图区选取剪刀刀部的后端面和柄部的孔底面，如图 1.212 所示。

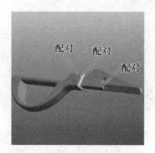

图　1.212

3）单击操控面板中的 ☑ 按钮，完成第一个刀部零件的装配，如图 1.213 所示。

图　1.213

（4）添加第二个刀部零件并装配

1）单击"工程特征"工具栏中的"装配" 🖰 按钮，系统打开"打开"对话框，再次选择"daobu.prt"文件零件，单击"打开"按钮，将其添加到装配环境中。

2）在打开的"零件放置"操控板中单击"放置"按钮，打开"放置"下滑面板，依次设置约束类型为配对，插入并进行装配。

① 在"约束类型"下拉列表中选择"配对"选项，选取两个刀部的正面，如图 1.214所示。

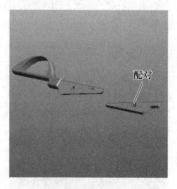

图　1.214

② 单击下滑面板中的"新建约束"按钮，在"约束类型"下拉列表中选择"插入"选项，选取两个刀部铆钉孔的内表面，如图 1.215所示。

在操控面板的"预定义约束"下拉列表中选择"刚性"选项。

3）单击操控板中的 ☑ 按钮，完成第二

图　1.215

个刀部零件的装配。

（5）添加柄部文件零件并装配

1）单击"工程特征"工具栏中的"装配" 按钮，系统打开"打开"对话框，再次选择"bingbu. prt"文件零件，单击"打开"按钮，将其添加到装配环境中。

2）在打开的"零件放置"操控板中单击"放置"按钮，打开"放置"下滑面板，设置约束类型均为配对并进行装配。

① 在"约束类型"下拉列表中选择"配对"选项，在绘图区选取剪刀刀部的侧面和柄部孔的内侧面，如图 1.216 所示。

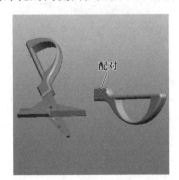

图　1.216

② 单击下滑面板中的"新建约束"按钮，在"约束类型"下拉列表中选择"配对"选项，选取剪刀刀部的侧面和柄部孔的内侧面，如图 1.217 所示。

③ 单击下滑面板中的"新建约束"按钮，在"约束类型"下拉列表中选择"配

对"选项，在绘图区选取剪刀刀部的孔内端面和柄部的小端面，如图 1.218 所示。

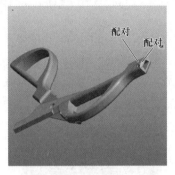

图　1.217

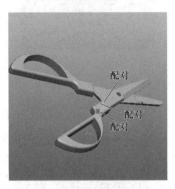

图　1.218

3）单击操控面板中的 按钮，完成第一个柄部零件的装配，如图 1.219 所示。

图　1.219

（6）添加铆钉文件零件并装配

1）单击"工程特征"工具栏中的"装配" 按钮，系统打开"打开"对话框，选择"maoding. prt"文件零件，单击"打

开"按钮，将其添加到装配环境中。

2）在打开的"元件放置"操控板中单击"放置"按钮，打开"放置"下滑面板，依次设置约束类型为"插入"并进行装配。

在"约束类型"下拉列表中选择"插入"选项，在绘图区选取剪刀刀部孔的内表面和铆钉柱外表面，如图 1.220 所示。

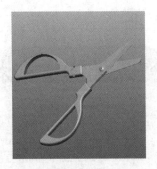

图　1.221

4）保存文件到指定的位置并关闭当前对话框。

1.6　思考题

1）列举在创建基准面时，常用的几何图元及使用其产生基准平面的几何条件。

2）列举你所知道的草绘常用命令，并简述其功能。

3）简述拉伸、旋转、扫描、混合的使用步骤，并使用上述命令绘图。

4）绘制 DN50 国标法兰盘。

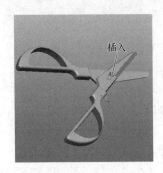

图　1.220

3）单击操控面板中的 ☑ 按钮，完成剪刀的装配，如图 1.221 所示。

第2章

Pro/E 三维造型实例

本章重点：
➤ 足球的三维造型过程
➤ 齿轮的参数化造型

2.1 足球的三维造型过程

本节介绍的是足球的 Pro/E 三维造型过程，最终效果如图 2.1 所示。该实例可以提高读者的三维想象能力，以及空间点、线、面的相互关系，同时可以进一步熟悉 Pro/E 的基本命令操作。下面将逐步介绍足球的造型过程。

图 2.1

2.1.1 设置工作目录

打开 Pro/E，单击主菜单中的"文件"→"设置工作目录"命令，打开"选取工作目录"对话框。改变目录到 D 盘下的"proe 三维造型"文件夹。

单击该对话框下的"确定"按钮，即可将"D\proe 三维造型"设置为当前的工作目录。

2.1.2 草绘

1）单击右侧工具栏中的"草绘" 按钮，弹出"草绘"对话框，选取 TOP 平面

作为草绘平面。单击对话框下方的"草绘"按钮进入草绘界面。

2）单击右侧工具栏中的"调色板" 按钮，弹出"草绘器调色板"对话框，在"多边形"选项卡下选择"五边形"，双击后在草绘界面坐标原点处单击，弹出"移动和调整大小"对话框，单击"确定"按钮，关闭"草绘器调色板"对话框。这样一个正五边形就添加完成了，接下来双击尺寸线上的数字，输入"50"，按 <Enter> 键确定，即改变五边形的边长为 50mm。此时草绘界面图形如图 2.2 所示。

图 2.2

3）单击右侧工具栏下方的 按钮，完成第一步草绘。

4）再次单击右侧工具栏中的"草绘" 按钮，弹出"草绘"对话框，选取 TOP 平面作为草绘平面。单击对话框下方的"草绘"按钮进入草绘界面。

5）单击工具栏中的"使用" 按钮，然后单击五边形底边，复制这条边。

6）单击工具栏中的"删除" 按钮，然后选择刚才复制的那条边，将其删除，单击鼠标中键结束命令。

7）单击右侧工具栏中的"直线" 按钮，以五边形右下角为起点画出一条直线，单击"尺寸" 按钮，再分别单击直线的两端，然后单击鼠标中键，即显示此直线的长度尺寸，修改此尺寸为"50"。再分别单击这条直线和五边形的底边，单击鼠标中键显示角度尺寸，修改角度尺寸为 120°。单击工具栏下方的"确定"按钮，完成草绘。

8）再次进入草绘界面，以同样的方法画出图 2.3 所示的另外一条直线。

图　2.3

2.1.3　旋转

1）单击工具栏中的"旋转" 按钮，进入旋转命令界面。单击左上角"曲面旋转" 按钮，再单击"放置"→"选取 1 个项目"，单击草绘的第一条直线。然后单击"单击此处添加项目"，再单击五边形的底边。将旋转角度改为 180°。最后单击右上角的 按钮完成第一次旋转。完成后效果图如图 2.4 所示。

2）重复步骤 1），选中草绘的第二条直线，完成同样角度的旋转动作。完成后效果图如图 2.5 所示。

2.1.4　阵列/相交/边界混合

1）分别选中旋转得到的两个曲面，然后单击菜单栏中的"编辑"命令，在下拉选项中选择"相交"。

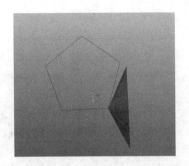

图　2.4

图　2.5

2）单击工具栏中的"阵列" 按钮，进入阵列命令界面，在状态栏的一个下拉菜单栏中选"轴"，并用鼠标选中坐标轴的 Y 轴，然后依次在状态栏的选项中选择参数如 ，最后单击 按钮。

3）单击工具栏中的"边界混合" 按钮，进入边界混合命令界面，单击阵列得到的那条直线，然后按着 < Ctrl > 键再单击相交得到的那条直线，此时界面图形如图 2.6 所示。

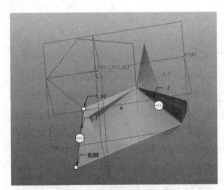

图　2.6

2.1.5　复制/插入面/镜像

1）单击五边形和边界混合面的公共边，如图 2.7 所示，然后依次按 < Ctrl + C > 键和 < Ctrl + V > 键，再单击右上角的☑按钮。

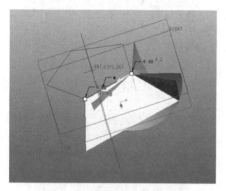

图　2.7

2）单击工具栏中的"平面"□按钮，弹出"基准平面"对话框，单击边界混合得到的梯形的底边，类型为"穿过"。再按着 < Ctrl > 键单击边界混合得到的面，类型为"法向"。最后单击对话框中的"确定"按钮，如图 2.8 和图 2.9 所示。

图　2.8

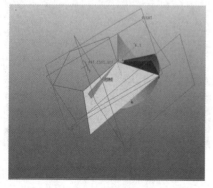

图　2.9

3）单击边界混合得到的梯形平面，然后单击工具栏上的"镜像" ∞ 按钮，进入镜像命令界面后，单击上一步刚建立的基准平面，再单击右上角的☑按钮完成。

2.1.6　点/轴/球心

1）单击右侧工具栏中的"基准点" ✕✕ 按钮，弹出"基准点"对话框。单击边界混合得到的梯形底边，在对话框中的"偏移/比率"中输入"0.5"，单击"确定"按钮。

2）单击右侧工具栏中的"基准轴" ╱ 按钮，弹出"基准轴"对话框。单击上一步骤创建的点，类型为"穿过"，再按住 < Ctrl > 键，单击边界混合得到的梯形，类型为"法向"，单击对话框的"确定"按钮。

3）单击右侧工具栏上的"基准点" ✕✕ 按钮，弹出"基准点"对话框。默认的此点在上一步骤创建的轴上，再按着 < Ctrl > 键击 front 平面，类型为"在…上"，单击对话框的"确定"按钮，得到的点即为球的球心。

2.1.7　空间线/边界混合

1）单击工具栏中的"空间曲线" ∼ 按钮，在菜单管理器中依次单击"通过点""完成"按钮，再依次单击球心点和两个旋转圆弧的顶点，然后单击下拉菜单中的"完成"按钮，最后单击对话框中的"确定"按钮，完成空间曲线的创建。

2）按步骤 1）操作，再创建第二条空间曲线，如图 2.10 所示。

3）单击工具栏中的"边界混合" ⊘ 按钮。先单击一条空间直线，再按着 < Ctrl > 键击另外一条空间直线。单击状态栏中的"单击此处添加项目"，然后单击空间五边形。单击"确定"按钮，效果如图 2.11 所示。

4）和上一步骤一样，单击工具栏中的

图　2.10

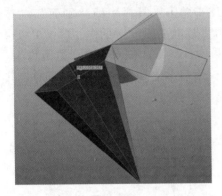

图　2.11

"边界混合" 按钮。先单击一条空间直线，再按住 < Ctrl > 键单击另外一条空间直线。单击状态栏中的"单击此处添加项目"，然后单击六边形。注意，在单击这个六边形时应按下 < Shift > 键，依次单击六边形的各个边。单击"确定"按钮，效果如图 2.12 所示。

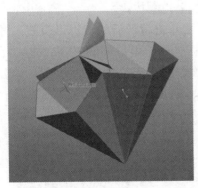

图　2.12

2.1.8　球体的形成/复制

1）单击工具栏中的"旋转" 按钮，依次单击"放置"→"定义"命令，选择 RIGHT 平面作为草绘平面，单击"草绘"按钮进入草绘界面。

2）单击"使用" 按钮，分别复制一条棱边和一条五边形的边，如图 2.13 所示。然后单击"删除" 按钮，再分别单击复制得到的这两条边。

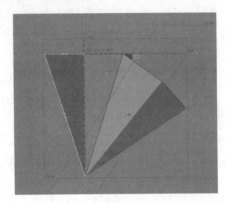

图　2.13

3）单击"圆" 按钮，以球心为圆心，绘制和五边形相切的圆，如图 2.14 所示。

4）单击"中心轴" 按钮，经过圆心竖直放置中心线，如图 2.14 所示。

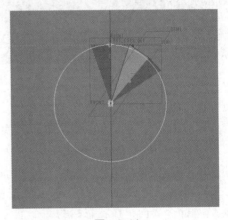

图　2.14

5）单击"删除" 按钮，再单击以中心线分开的半圆，将其删除。

6）单击右下角工具栏中的☑按钮，完成草绘。

7）单击右上角的☑按钮完成旋转。

8）单击球的表面，然后进行复制、粘贴操作。

2.1.9　合并/倒角

1）单击边界混合后的五边形，然后按下 < Ctrl > 键再单击球。在菜单栏中的"编辑"中选"合并"，单击右上角的☑按钮。

2）单击六边形，然后按下 < Ctrl > 键再单击球。在菜单栏中的"编辑"中选"合并"，单击右上角的☑按钮。

3）单击"外观库"●按钮，分别选择黑色和白色，将五边形涂成黑色，将六边形涂成白色。

4）单击工具栏中的"倒角"◤按钮，依次单击五边形和六边形的各个边，在状态栏中倒角的数值大小为"2.75"，此时其图形如图2.15所示。

图　2.15

2.1.10　复制/阵列和镜像/阵列

1）单击六边形整体表面，然后依次单击"复制"🖺和"粘贴"🖺按钮，再单击☑按钮。

2）单击工具栏中的"阵列"▦按钮，进入阵列命令界面，在状态栏的一个下拉菜单栏中选"轴"，并用鼠标选中坐标轴的 Y 轴，然后依次在状态栏的选项中选择参数如 `5` `72.00` `▾`，最后单击☑按钮，效果

如图2.16所示。

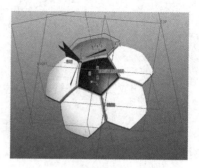

图　2.16

3）单击工具栏中的"平面"▱按钮，弹出"基准平面"对话框，单击PNT1，再按住 < Ctrl > 键单击PNT2，类型均为"穿过"。最后单击两个相邻六边形的公共边，类型为"法向"，如图2.17所示。

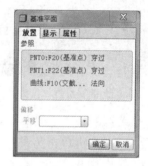

图　2.17

4）单击五边形整体表面，然后单击工具栏中的"镜像"◖◗按钮，进入镜像命令界面后，单击上一步刚建立的基准平面，再单击右上角☑按钮。

5）单击镜像后的五边形表面，再单击工具栏中的"阵列"▦按钮，进入阵列命令界面，在状态栏的一个下拉菜单栏中选"轴"，并用鼠标选中坐标轴的 Y 轴，然后依次在状态栏的选项中选择参数如 `5` `72.00` `▾`，最后单击☑按钮，效果如图2.18所示。

2.1.11　复制/镜像/阵列

1）单击工具栏中的"平面"▱按钮，弹出"基准平面"对话框，单击六边形的

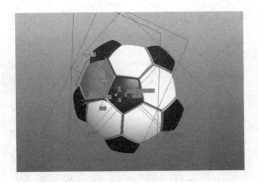

图 2.18

图 2.20

两条棱边,如图 2.19 所示,类型均为"穿过",单击对话框中的"确定"按钮。

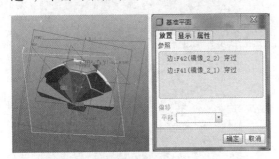

图 2.19

2)单击六边形整体的表面,然后依次单击"复制""粘贴"按钮。

3)单击复制得到的六边形,然后再单击工具栏中的"镜像" ⯆ 按钮,进入镜像命令界面后,单击第一步建立的基准平面,再单击右上角的 ✔ 按钮。

4)单击镜像得到的六边形表面,再单击工具栏中的"阵列" ▦ 按钮,进入阵列命令界面,在状态栏的一个下拉菜单栏中选"轴",并用鼠标选中坐标轴的 Y 轴,然后依次在状态栏的选项中选择参数如 `5 72.00` ,最后单击 ✔ 按钮,效果如图 2.20 所示。

2.1.12 镜像/阵列/隐藏

1)单击工具栏中的"平面" ▱ 按钮,弹出"基准平面"对话框,单击 TOP 平面,类型为"偏移"。按下 <Ctrl> 键再单击球心 PNT1,类型为"穿过"。单击"确定"按钮。

2)单击中心五边形的外表面,然后按下 <Ctrl> 键依次单击各个图形。再单击工具栏中的"镜像" ⯆ 按钮,进入镜像命令界面后,单击上一步建立的基准平面,再单击右上角的 ✔ 按钮,完成后如图 2.21 所示。

图 2.21

3)单击上一步镜像得到的半球,单击工具栏中的"阵列" ▦ 按钮,进入阵列命令界面,在状态栏的一个下拉菜单栏中选"轴",并用鼠标选中坐标轴的 Y 轴,然后依次在状态栏的选项中选择参数如 `2 36.00` ,最后单击 ✔ 按钮。

4)在左侧的模型树中单击"镜像 4 [2]",单击鼠标右键,选择"隐藏"选项,得到图 2.22 所示图形。

5)单击菜单栏中的"外观库" ● 按钮,选择黑色外观,给所有的五边形上色。

6)单击多余的线和面,单击鼠标右键,选择"隐藏",得到最终效果如图 2.23 所示。

图 2.22

图 2.23

2.2 直齿轮的设计案例

（1）新建零件文件

1）新建名为"chilun"的零件文件。

2）取消"使用缺省模板"复选按钮的选中状态，选中"mmns_part_solid"选项。

（2）创建设计参数 选择菜单栏中的"工具"→"参数"命令，打开"参数"对话框，并添加参数：齿数"z"为18，压力角"alpha"为20，模数"m"为2.5，齿宽"b"为20。单击"确定"按钮，完成参数的建立，如图2.24所示。

（3）添加齿轮参照圆关系

1）单击右侧工具栏中的"草绘工具"按钮，进入草绘环境绘制4个同心圆，如图2.25所示。其中，选择FRONT作为草绘平面，其他默认。

2）选择"工具"→"关系"命令打开"关系"对话框，添加图2.26所示的关系。

图 2.24

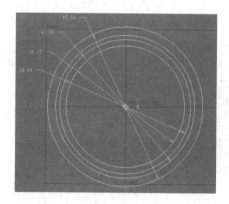

图 2.25

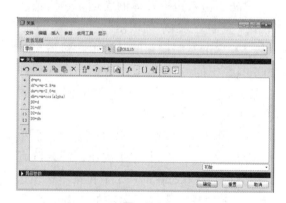

图 2.26

（4）创建直齿轮齿廓渐开线

1）单击右侧工具栏中的"插入基准曲线"按钮，弹出"曲线选项"菜单。依次选择"从方程"和"完成"命令，此时系统提示选择坐标系，弹出一组对话框，在绘图区中选取系统默认的坐标系，再单击"选取"对话框中的"确定"按钮，系统弹出"设置坐标系类型"菜单。

2）在菜单中选择"笛卡儿"坐标系，弹出"记事本"对话框，在此输入图 2.27 所示的内容。

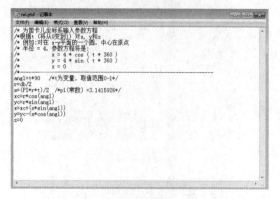

图　2.27

3）保存记事本并单击"曲线：从方程"对话框中的"确定"按钮生成图 2.28 所示的渐开线。

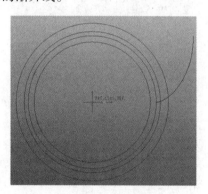

图　2.28

（5）创建镜像基准平面特征

1）创建基准点 PNT0。按住 < Ctrl > 键同时选择分度圆和上一步创建的渐开线，再单击右侧工具栏中的"基准点工具" ✕✕ 按钮，然后单击弹出的"基准点"对话框中的"确定"按钮完成 PNT0 的创建，如图 2.29 所示。

2）创建基准轴 A_1。按住 < Ctrl > 键同时选择 RIGHT 和 TOP 基准面，再单击右侧工具栏中的"基准轴工具" ∕ 按钮，即可完成创建，如图 2.30 所示。

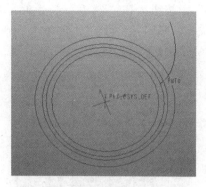

图　2.29

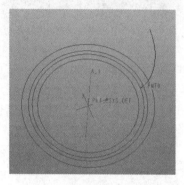

图　2.30

3）创建基准平面 DTM1。按住 < Ctrl > 键同时选择 1）、2）步创建的 A_1 和 PNT0，再单击右侧工具栏中的"基准平面工具" ⊘ 按钮，然后单击弹出的"基准平面"对话框中的"确定"按钮完成 DTM1 的创建，如图 2.31 所示。

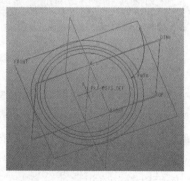

图　2.31

4）创建镜像基准平面 DTM2。按住 < Ctrl > 键同时选择 2）、3）步创建的 A_1 和 DTM1，再单击右侧工具栏中的"基准面工具"□按钮，在"偏距"→"旋转"文本框中输入"360/(4 * Z)"，再单击"确定"按钮完成 DTM2 的创建，如图 2.32 所示。

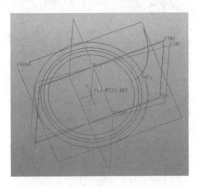

图　2.32

（6）创建镜像渐近线特征　在"模型树"或绘图区中选择前面创建的渐开线特征，此时"镜像工具"按钮被激活，单击"镜像工具"按钮，然后选择 DTM2 基准平面，最后单击按钮生成图 2.33 所示的镜像渐开线特征。

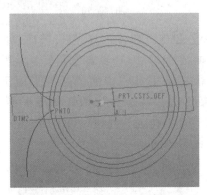

图　2.33

（7）创建第一个齿槽特征

1）创建齿顶圆柱。单击右侧工具栏中的"拉伸工具"按钮，选择拉伸方式为□，输入深度值为"b"，此时系统提示"是否要添加 b 作为特征关系?"，选择"是"。然后单击操控板中的"放置"→"定义"，选取 FRONT 基准平面作为草绘平面，其他默认。草绘图 2.34 所示的齿顶圆轮廓线的截面。退出草图平面并单击按钮生成

图 2.35 所示的拉伸特征。

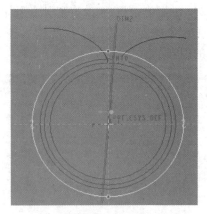

图　2.34

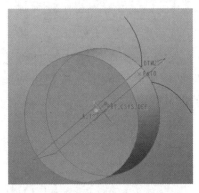

图　2.35

2）修饰齿轮外边线。选取齿轮两个边线，然后单击"倒角工具"按钮，修改倒角方式为"45 × D"，其中"D"为 1，如图 2.36 所示。

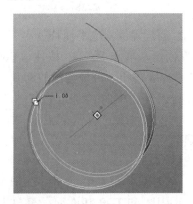

图　2.36

3）创建齿槽。重复步骤 1），草绘如

图 2.37 所示的齿槽截面。退出草图平面并单击☑按钮生成图 2.38 所示的拉伸特征。

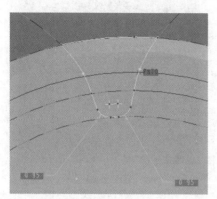

图　2.37

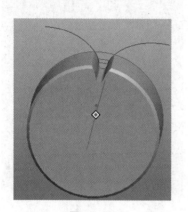

图　2.38

（8）创建齿槽阵列特征　单击上一步创建的齿槽，然后单击右侧工具栏中的"阵列工具"⊞按钮，进入"阵列"操控板。在阵列类型下拉列表框中选择"轴"，并在阵列个数文本框中输入"18"，后边再输入两齿轮之间的角度"360/18"。确定无误后，单击☑按钮完成齿槽阵列特征的操作，效果如图 2.39 所示。

（9）创建内轴孔与键槽　单击右侧工具栏中的"拉伸工具"⏦按钮，选择拉伸方式为▣。然后，选择操控板中的"放置"→"定义"，选择 FRONT 基准平面作为草绘平面，其他默认，草绘图 2.40 所示截面。单击"穿透"⊞按钮，再单击"移除材料"⟋按钮，退出草图平面并单击☑按钮生成如

图 2.41 所示的拉伸特征。

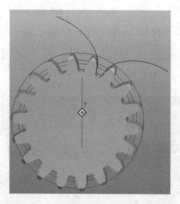

图　2.39

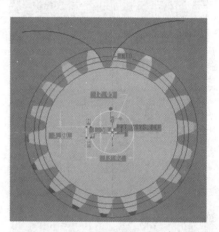

图　2.40

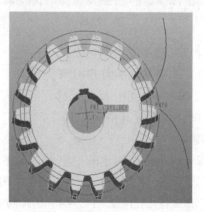

图　2.41

（10）创建节省材料挖孔位　单击右侧工具栏中的"拉伸工具"⏦按钮，选择拉伸方式为▣，然后选择操控板中的"放置"→"定义"，选择 FRONT 基准平面作为草绘平

面，其他默认，草绘图 2.42 所示截面。选择"盲孔" 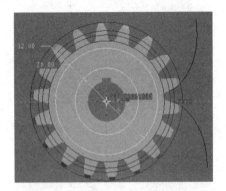，并设置其值为"4"，同时再单击"移除材料" 按钮。退出草图平面并单击 按钮生成图 2.43 所示的拉伸特征。

图　2.42

图　2.43

（11）镜像复制挖空位

1）选择基准平面 FRONT，单击"基准平面工具" 按钮，确定偏移方向沿齿轮拉伸方向，并设置其值为"10"，完成 DTM3 的创建。

2）单击前面创建的挖空处，单击"镜像工具" 按钮，选择上一步创建的 DTM3，并单击 按钮生成图 2.44 所示的镜像特征。

（12）倒角修饰

1）单击"倒角工具" 按钮，打开"倒角"操控板，在"倒角"操控板上选择边倒角标注形式为"D×D"，并输入"D"

值为"0.5"。特征如图 2.45 所示。

图　2.44

图　2.45

2）单击"倒圆角工具" 按钮，在"倒圆角"操控板上输入圆角半径值为"0.5"。特征如图 2.46 所示。

图　2.46

3）保存图形文件。

2.3　思考题

1）使用混合扫面命令绘制一根弯曲的水管。

2）绘制剪刀各部分零件，并进行组装。

3）根据书中实例绘制足球。

4）绘制模数为 3.2mm，齿数为 72，压力角为 20°，齿顶高系数为 1，顶隙系数为 0.25，齿宽为 60 的直齿轮。

第2篇
模具设计技术

主要内容：

教学目标：

本篇第 3 章讲述使用 Pro/E 进行模具设计的相关概念与操作，使读者初步掌握模具设计的基本流程。第 4、5 章分别介绍了金属型铸造模具设计实例和砂型铸造模具设计实例，使读者不仅巩固前一篇的三维造型技术相关知识，而且能进一步学习模具设计的相关知识点。通过本篇的学习，读者能初步具备模具设计的能力，为下一篇内容的学习打下良好的基础。

第3章

Pro/E 模具设计技术

本章重点：
➤ Pro/E 模具设计概述
➤ Pro/E 分型面的创建
➤ Pro/E 模具体积块的创建
➤ Pro/E 模具元件的创建

3.1 模具设计概述

在零件设计模块中创建好零件的三维模型后，就可以在模具设计模块进行模具设计了。

Pro/E 提供了专门用于模具设计的模具设计模块，在该模块中，系统提供了方便实用的模具设计及分析工具。利用这些工具可以快速、方便地完成模具设计工作。

3.1.1 模具设计模块界面

启动 Pro/E 后，系统进入基本界面，如图 3.1 所示。此时，可以根据需要进入相应的模块。

图 3.1

3.1.2 设置配置文件

1）单击主菜单中的"工具"→"选项"命令（见图3.2），打开"选项"对话框，在"选项"文本框中输入"enable_absolute_ac-

curacy"（见图 3.3），并按 < Enter > 键确认。此时，在"值"编辑框会显示"no"选项，表示没有启用绝对精度功能。

图 3.2

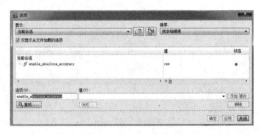

图 3.3

2）单击"值"编辑框右侧的 ▼ 按钮，并在打开的列表中选择"yes"选项，单击"添加/更改"按钮，系统弹出"选项"对话框，"enable_absolute_accuracy"选项和值

62

会出现在"选项"显示选项组中，如图 3.4 和图 3.5 所示。

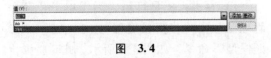

图　3.4

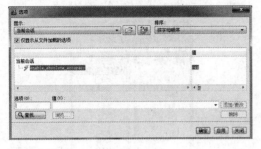

图　3.5

3）单击该对话框底部的"确定"按钮，退出对话框。此时，系统将启用绝对精度功能，这样在装配参照零件过程中，可以将组建模型的精度设置为和参照模型的精度相同。

将"enable_absolute_accuracy"选项的值设置为"yes"后，只要用户不退出 Pro/E，系统就会一直启用绝对精度功能；否则，用户需要重新启用绝对精度功能。

4）单击主菜单中的"文件"→"新建"命令（见图 3.6），或单击"文件"工具栏中的"新建" 按钮，打开"新建"对话框。

图　3.6

5）在"新建"对话框中，选中"类型"选项组中的"制造"单选按钮和"子类型"选项组中的"模具型腔"单选按钮，

如图 3.7 所示。

图　3.7

6）接受默认的文件名"mfg0001"，或在"名称"后面的文本框内输入模具文件的名称。

7）在"新建"对话框的底部可以看到"使用缺省模板"复选按钮。如果勾选这个复选按钮，则使用默认的模板来创建模具文件。

8）单击对话框底部的"确定"按钮后，会打开"新文件选项"对话框，如图 3.8 所示。

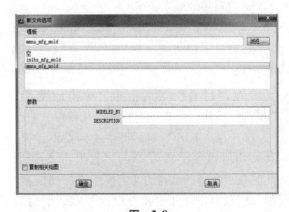

图　3.8

9）在"新文件选项"对话框中可以选择需要使用的模板，或者使用"空"模板。另外，还可以单击"浏览"按钮查找其他模板。设置完模板选项之后，单击"确定"按钮即可进入模具设计模块。

3.2　参照零件

在模具设计模块中，模具设计的第一个步骤就是创建模具模型，包括参照零件和工件两部分。在模具设计过程中，一般都通过装配设计零件的方法来创建参照零件。

在介绍参照零件之前，首先要明确什么是设计零件。

设计模型中通常表达了设计者对最终产品的构思。一般情况下，设计零件包括了最终产品所需要的所有元素（包括需要在铸造之后进行加工的特征），但是不包括设计模具所需要的一些元素（如拔模角、铸造圆角等特征）。

设计零件是参照零件的基础。设计零件与参照零件之间的关系取决于创建参照零件时所使用的方法。下面介绍引入参照零件的

两种方法。

3.2.1　装配参照零件

1）在进入模具环境之后，单击"菜单管理器"中的"模具模型"→"装配"→"参照模型"命令，如图 3.9 所示。此时将弹出"打开"对话框，如图 3.10 所示。

图　3.9

图　3.10

在"打开"对话框中，单击底部的"预览"按钮，可以预览零件的几何形状。

2）在"打开"对话框中找到要设计模具的几何模型，然后单击"打开"按钮。此时系统会将已选择的几何模型添加到模具组件模型中。打开"元件放置"对话框后，要求定位参考模型，如图 3.11 所示。对于

模具模块来说，如果没有特殊要求，可以单击"固定" 按钮或"缺省" 按钮，如图 3.12 所示。前者将参考模型定位在当前位置，后者将把参考模型定位在缺省位置。然后单击"元件放置"对话框底部的"✓"按钮。

图　3.11

⊖　在铸造术语中应为"起模"，为与软件一致，本书中仍使用"拔模"。——编者注

图　3.12

此时将弹出"创建参考模型"对话框，如图 3.13 所示。在这个对话框中，需要指定创建参考模型的方法，还可以在对话框底部更改参考模型的名称。

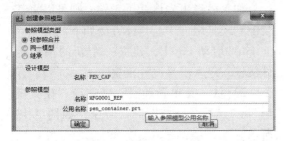

图　3.13

如果选择"按参照合并"这个选项，则系统会将设计零件复制到参照零件中。在这种情况下，参照零件可以收缩，可以在参考零件中创建拔模角、铸造圆角等特征，而这些特征不会影响到设计零件。但是，对设计零件的修改会自动反映到参考零件中。

如果选择"同一模型"这个选项，则参照零件与设计零件是完全相同的。在这种情况下，参照零件与设计零件的特征参数之间存在双向传递关系。无论改变参照零件还是设计零件，所做的改动都将自动在另一个零件中更新。

在确定参照模型类型以及参考模型名称之后，单击"确定"按钮即可创建参照模型。

3）此时，系统将弹出"警告"对话框，如图 3.14 所示。单击对话框底部的"确定"按钮，接受绝对精度值的设置，然后单击"菜单管理器"对话框底部的"完成/返回"按钮，如图 3.15 所示。

图　3.14

图　3.15

3.2.2　创建参照零件

1）除了从现有的设计零件引入参照零件之外，还可以在模具模块中直接创建参照零件。具体方法是，进入模具设计模块后，单击"菜单管理器"中的"模具模型"→"创建"→"参照模型"命令，如图 3.16 所示。此时将打开"元件创建"对话框，如图 3.17 所示。

在"元件创建"对话框内可以更改元件名称，设置"子类型"。可选子类型的含义如下。

图　3.16

图　3.17

① 实体：创建实体零件。

② 钣金件：创建钣金零件。

③ 相交：通过相交两个或者多个零件而创建新零件。

④ 镜像：利用现有零件的镜像来创建新零件。

2）单击"确定"按钮，弹出"创建选项"对话框，如图 3.18 所示。在这个对话框中，可以选择创建方法，然后单击"确定"按钮。

图　3.18

3.3　添加工件

工件代表直接参与材料成型的模具元件的整个体积。如果工件是预先设计好的零件，则可以将其添加到模具组件中；另外也可以在模具组件中创建工件。

如果在模具组件中直接创建工件，则工件会自动使用与参照模型相同的精度。因此，一般应选择在模具组件中直接创建工件。注意，在没有创建组件基准特征的情况下，工件不能作为组件的第 1 个元件被创建。

3.3.1　装配工件

如果已经事先设计了工件，则可以将其装配到模具组件中。具体方法如下。

1）启动 Pro/E，建立一个新的模具组件文件，进入模具设计模块。

2）从"菜单管理器"中选择"模具模型"→"装配"→"工件"命令，如图 3.19 所示。

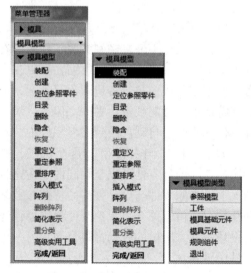

图　3.19

3）此时将弹出"打开"对话框，系统要求用户选择事先创建好的工件零件，如图 3.20所示。找到零件之后，单击"打开"按钮。

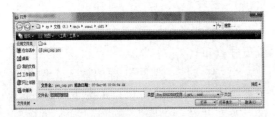

图　3.20

3.3.2　手工创建工件

除了装配现有工件之外，还可以在模具模块中创建工件。本小节将介绍如何手工创建工件，下一小节将介绍如何自动创建工件。

1）在模具设计模块下，单击"菜单管理器"中的"模具模型"→"创建"→"工件"→"手动"命令，如图 3.21 所示。

图　3.21

2）此时将弹出"元件创建"对话框，如图 3.22 所示。在这个对话框中，可以选择元件的类型以及子类型。

图　3.22

类型包括两个可选选项。
① 零件：创建新零件。
② 子组件：创建新子组件。
而子类型包括 3 个可选选项。
① 实体：创建实体零件。

② 相交：通过相交两个或多个零件而创建新零件。
③ 镜像：利用现有零件的镜像来创建新零件。

3）单击"确定"按钮之后，会弹出"创建选项"对话框，如图 3.23 所示。

图　3.23

4）选择适当的创建方法之后，单击"确定"按钮，如图 3.24 所示。

图　3.24

3.3.3　自动创建工件

一般来说，工件的形状都相当简单，大多数情况下都使用矩形截面。为了节省创建工件的时间，Pro/E 提供了自动创建工件的功能，利用这个功能，只需指定几个参数就可以快速创建工件。具体方法如下。

1）在模具模式下，单击"菜单管理器"中的"模具模型"→"创建"→"工件"→"自动"命令，如图 3.25 所示。

2）此时将弹出"自动工件"对话框，如图 3.26 所示。

3）单击"参照模型"下的按钮，在默认情况下，系统会列出所有参照零件，同

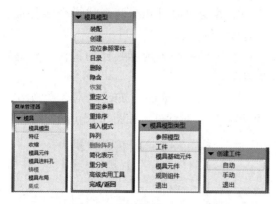

图　3.25

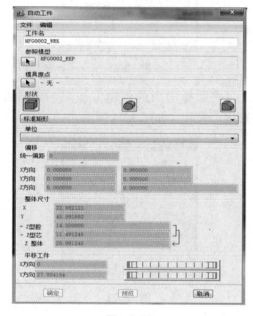

图　3.26

时出现"选取"对话框。

4）选择参照模型或在其周围创建工件模型。

5）单击"模具原点"下的按钮，在模型窗口内选择坐标系，以确定工件的方向。此时在所选参照零件的周围会出现矩形边界框。

6）可以接受默认的标准矩形框形状，也可以单击按钮来选择标准倒圆角形状。或者单击按钮来创建定制边界框，也可以直接从"形状"下拉列表中选取边界框

类型。

7）在"单位"列表中选择毫米（mm）或英寸（in）。

8）在"统一偏距"框内输入工件相对于参照模型的偏移尺寸，并按下 < Enter >键。改变"统一偏距"值之后，"X 方向"、"Y 方向"与"Z 方向"的值以及"整体尺寸"值也会自动发生变化。如果在前面选取创建倒圆角工件，则在"偏移"下面会出现"统一偏距"、"径向"与"Z 方向"3个尺寸值。

9）根据要求修改"整体尺寸"数值，然后按下 < Enter >键。如果选取创建倒圆角工件，则在"整体尺寸"下会出现"直径"值。

10）在"平移工件"下，利用"X 方向"以及"Y 方向"的滑轮调整边界框相对于参照零件的位置。

11）正确设置所有参数之后，单击"确定"按钮。

工件的初始大小是根据参照模型的边界框大小决定的。默认情况下，边界框就是恰好包括参照模型的最小矩形框。对于有多个参照模型的情况，将用包括所有参照模型的一个边界框来创建工件。工件的位置取决于参照模型的 X、Y 与 Z 坐标。矩形工件使用边界框的中心作为其中心，而圆柱形工件使用所选坐标系原点作为其中心。

3.4　检查拔模角度

拔模检测可以确定模型内部的零件能否顺利脱模，是根据用户定义的拔模角度以及拖动方向（模具开模方向）而进行的。为了确定所选零件的曲面是否要添加拔模角度特征，系统会检测垂直于零件曲面的平面与拖动方向间的角度。

如果进行单侧拔模检测，那么被完全拔模的曲面就以红色出现。如果进行双侧拔模检测，那么一侧以红色表示，而另外一侧

（与拔模方向相反）以蓝色表示。需要拔模的曲面会以一系列其他颜色出现，表示它们与需要的拔模角度相差多少。

执行拔模检测的具体方法如下。

1）单击主菜单中的"分析"→"模具分析"命令，打开"模具分析"对话框。在"类型"下拉菜单中选择"拔模检测"，如图 3.27 所示。

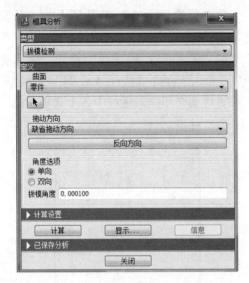

图　3.27

2）定义要进行拔模检测的曲面。从"曲面"下拉菜单中选择下列选项之一。

① 零件：选择要进行拔模检测的零件。

② 曲面：指定要进行拔模检测的曲面。

③ 面组：指定要进行拔模检测的面组。

④ 所有面组：选择所有面组进行拔模检测。

3）定义拖动方向。系统的"缺省拖动方向"就是当前界面上的拖动方向。如果需要修改，可以单击"拖动方向"下拉列表，从中选择"平面""坐标系"与"曲线、边/轴"选项之一来定义拖动方向。另外，还可以单击下面的"反向方向"按钮来倒转开模方向。

4）选择"单向"或"双向"拔模，并输入一个拔模角度。

5）单击"计算"按钮即可开始分析。在完成计算之后，系统会用红色或蓝色来绘制拔模曲面。

注意，单击"计算设置"，可以展开一个新菜单，在这里可以设置计算的精度。单击"显示"按钮，可以设置显示模具分析结果的方式。

3.5　检查零件厚度

在设计零件的过程中，特别是在需要用铸造方法制作毛坯的零件设计过程中，由于铸造方法的特殊性，零件各处的壁厚不能相差太大，否则会造成铸造上的困难。因此，在设计模具之前，要检查参照零件是否满足厚度要求。

检查零件厚度的具体方法如下。

1）单击主菜单中的"分析"→"厚度检查"命令，此时将打开"模型分析"对话框，如图 3.28 所示。

图　3.28

2）单击"零件"选项组中的 按钮，在图形窗口内选取要进行厚度检查的零件。

3）在"设置厚度检查"选项组中，系统提供了两个选项，"平面"与"层切面"。

① 平面：允许用户选择一个或多个平面来进行厚度检测。

② 层切面：允许用户在一个区域内定义一组间距相等的平行平面来进行厚度检测。如果选择了这个选项，则需要定义层切面的起点、终点、方向以及层切面之间的间隔距离。

4）在选择了平面或定义了层切面之后，在"厚度"选项组中，输入"最大"厚度或"最小"厚度数值来作为厚度检查的基础值。可以同时检查最大厚度与最小厚度，也可以仅仅选择检查一项。

5）单击"计算"按钮，即可开始计算。系统会在"结果"区内列出计算结果。计算结果包括剖面厚度是否在指定的最小值与最大值之间，以及剖面的面积。单击窗口底部的"信息"按钮，就可以在单独的窗口中查看结果。

① 在图形窗口内，系统也会用不同的颜色来显示结果。对于厚度值比设定的最大厚度值大的剖面，系统将绘制红色剖面线；对于厚度值比设定的最小厚度值小的剖面，系统将绘制蓝色剖面线。

② 如果选择了多个平面，可以使用"结果"区下面的4个按钮来显示不同的剖面，单击"显示全部"按钮，可以同时显示所有剖面；单击▲按钮，可以显示上一个剖面；单击▼按钮，可以显示下一个剖面；单击"清除"按钮，从当前图形窗口中拭除所有剖面，仅仅保留当前剖面。

6）单击"关闭"按钮即可退出厚度检查。

3.6 设置收缩率

在模具设计工程中，必须将铸件收缩量补偿到模具相应的尺寸中去，这样才能得到符合尺寸要求的铸件。在Pro/E中，可以通过设置适当的收缩率来增大参照零件的尺寸，从而增大模具尺寸。

Pro/E提供了按尺寸和按比例两种设置收缩率的方法，下面将分别介绍。

3.6.1 按尺寸收缩

按尺寸收缩的方法允许为所有模型尺寸设置一个收缩系数，还可以为个别尺寸指定收缩系数。

单击"模具设计"工具栏上的"按尺寸收缩" 按钮，或单击右侧"模具"菜单中的"收缩"→"按尺寸"命令，系统弹出图3.29所示的"按尺寸收缩"对话框。下面将详细介绍该对话框中各个选项功能。

图 3.29

（1）"公式"选项组 该选项组用于指定计算收缩率的公式，包括下面两个选项。

1）$1+S$ 按钮：选中该按钮时，表示在该原始的零件几何上收缩。该选项为默认选项。

2）$\frac{1}{1-S}$ 按钮：表示在最后成型的基础上收缩。

（2）"收缩选项"选项组 该选项组用于控制是否将收缩操作应用到设计零件中。在默认情况下，系统会自动选中"更改设计零件尺寸"复选框，将收缩操作应用到设计零件中。

（3）"收缩率"选项组　该选项组用于选取要应用收缩特征的尺寸、特征等。

1）按钮：单击该按钮，可以选取要应用收缩操作的零件中的尺寸。所选尺寸会显示在"收缩率"列表中。可以在"比率"列中为尺寸指定一个收缩率，或在"终值"列中指定收缩尺寸所具有的值。

2）按钮：单击该按钮，可以选取要应用收缩操作的零件中的特征。所选特征的全部尺寸会分别作为独立的行显示在"收缩率"列表中。可以在"比率"列中为尺寸指定一个收缩率，或在"终值"列中指定收缩尺寸所具有的值。

3）按钮：单击该按钮，可以在显示尺寸的数字值或符号名称之间切换。

4）"收缩率"列表：该列表用于显示用户选取的尺寸，并设置收缩率。可以在该列表中的"所有尺寸"行中输入一个收缩率，将收缩操作应用到零件中的所有尺寸。

5）按钮：单击该按钮，可以在"收缩尺寸"列表中添加新行。

6）按钮：单击该按钮，可以将"收缩尺寸"列表中选中的行删除。

7）按钮：单击该按钮，系统弹出"清除收缩"菜单，并列出应用收缩的所有尺寸。用户可以选中相应的复选框，以清除应用到该尺寸的收缩操作。

3.6.2　按比例收缩

按比例收缩的方法允许相对于某个坐标系按比例收缩零件几何。

单击"模具设计"工具栏上的"按比例收缩"按钮，或单击右侧"模具"菜单中的"收缩"→"按比例"命令，系统弹出"按比例收缩"对话框，如图 3.30 所示。下面将详细介绍该对话框中各个选项的功能。

（1）"公式"选项组　该选项组用于指定计算收缩的公式。

图　3.30

（2）"坐标系"选项组　该选项组用于选取一个坐标系，以用于收缩特征，在默认情况下，系统会自动选择按钮，要求用户选择坐标系。

（3）"类型"选项组　该选项组用于指定收缩的类型，包括下面两个选项。

1）各向同性的：选中该选项时，可以对 X、Y 和 Z 方向设置相同的收缩率。取消选中该选项时，可以对 X、Y 和 Z 方向指定不同的收缩率。

2）前参照：选中该选项时，执行收缩操作不会创建新几何但会更改现有几何，从而使全部现有参照继续保持为模型的一部分。反之，系统会为执行收缩的零件创建新几何。

（4）"收缩率"文本框　该文本框用于输入收缩率的值。一般情况下，建议选择按比例收缩的方法来设置收缩率。

3.7　设计分型面

分型面是用多种不同方法建立的一种曲面特征，其目的是分割工件从而创建模具体积块，也可以分割现有的模具体积块。

在创建分型面的时候，分型面必须与工件或模具体积块完全相交，多个曲面可合并共构成一个分型面；分型面不能与自身相交。任何曲面只要满足前面的两条规则，都可以作为分型面。分型面特征是组件级特征。

3.7.1 分型面设计界面

单击主菜单中的"插入"→"模具几何"→"分型面"命令，或单击"模具设计"工具栏上的"分型面"□按钮，系统将进入分型面设计界面，如图3.31所示。在分型面设计界面中，主窗口的右侧显示"基础特征""编辑特征"等工具栏。

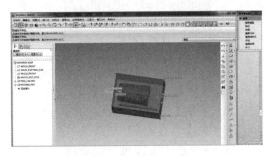

图 3.31

设计好分型面后，单击"MFG体积块"工具栏中的☑按钮，系统将退出分型面设计界面，返回模具设计模块主界面。

3.7.2 分型面的基本操作

在Pro/E中，经常需要对分型面进行一些操作，下面将分别介绍。

(1) 重命名分型面 单击主菜单中的"插入"→"模具几何"→"分型面"命令，或单击"模具设计"工具栏上的"分型面"□按钮，系统将进入分型面设计界面。进入分型面设计界面后，系统将自动生成分型面的名称，并显示在模型树中，如图3.32所示。用户可以重新命名分型面的名称，以便于管理，其操作步骤如下。

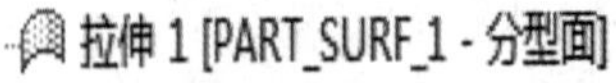

拉伸1 [PART_SURF_1 - 分型面]

图 3.32

1) 在分型面设计界面中，确保没有选中任何特征或对象，单击"MFG体积块"工具栏中的"属型"按钮，打开"属性"对话框，如图3.33所示。

图 3.33

2) 在该对话框的"名称"文本框中，输入新名称，单击对话框底部的"确定"按钮，退出对话框。

(2) 着色分型面 在创建分型面过程中，经常需要观察分型面。此时，可以将参照零件遮蔽，以便于清晰地观察创建的分型面。观察完毕后，再将参照零件显示出来。但这种方法操作起来相当不便，为此Pro/E专门提供了"着色"功能，使分型面以着色的方式显示。

(3) 遮蔽分型面 设计好分型面后，有时为了便于操作，需要暂时将其遮蔽。在模型树中用鼠标右键单击需要遮蔽的分型面，并在弹出的快捷菜单中单击"遮蔽"命令，即可将其遮蔽。

(4) 取消遮蔽分型面 对于遮蔽的分型面，也可以随时将其重新显示出来。在模型树中用鼠标右键单击需要遮蔽的分型面，并在弹出的快捷菜单中单击"取消遮蔽"命令，即可将其显示出来。

还可以在"遮蔽-取消遮蔽"对话框中进行遮蔽或取消遮蔽分型面操作。

3.7.3 创建分型面的方法

Pro/E提供了多种创建分型面的方法，下面将分别介绍。其中通过复制参照零件的表面来创建分型面的方法是最常用的一种方法，本书将重点介绍。

(1) 创建拉伸曲面 可以使用"拉伸""旋转""填充"等工具来创建一些比较简单的分型面。下面首先介绍使用"拉伸"工具来创建拉伸曲面的方法。

在分型面设计界面中，单击主菜单中的

"插入"→"拉伸"命令，或单击"基础特征"工具栏中的"拉伸" 🔲 按钮，打开"拉伸"操控板，如图 3.34 所示。该操控板的界面与在零件设计模块中打开的"拉伸"操控板的界面类似，各个选项的功能在前面已作了介绍，这里就不再叙述。

图 3.34

（2）创建旋转曲面 在分型面设计界面中，单击主菜单中的"插入"→"旋转"命令，或单击"基础特征"工具栏中的"旋转" 🔷 按钮，打开"旋转"操控板，如图 3.35 所示。该操控板的界面与在零件设计模块中打开的"旋转"操控板的界面类似，各个选项的功能在前面已作了介绍，这里就不再叙述。

图 3.35

（3）创建平整曲面 在分型面设计界面中，单击主菜单中的"编辑"→"填充"命令，打开"填充"操控板，如图 3.36 所示。下面将简单介绍该操控板中各个选项的功能。

图 3.36

1）"草绘"收集器：该收集器用于直接选取已经存在的基准曲线，从而创建平整曲面。

2）"参照"上滑面板：单击"参照"按钮，系统弹出"参照"上滑面板，如图 3.37 所示。

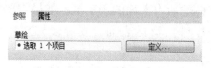

图 3.37

在该上滑面板中，可以单击"定义…"按钮，进入草绘模式以创建二维截面，还可以直接选取已经存在的基准曲线作为二维截面。

3）"属性"上滑面板：单击"属性"按钮，系统弹出"属性"上滑面板，如图 3.38 所示。

图 3.38

在该上滑面板中可以修改特征名，并在 Pro/E 浏览器中打开特征信息。

（4）复制曲面 前面介绍的创建分型面的方法主要用于创建比较简单的分型面。对于一些比较复杂的分型面，则是通过复制参照零件的表面来创建的，下面将具体介绍。

在模具设计模块中，复制曲面是通过"复制曲面"操控板来完成的，如图 3.39 所示。下面将简单介绍该操控板中常用选项的功能。

图 3.39

1）“复杂参照”收集器：该收集器用于选取参照零件的表面。

2）“参照”上滑面板：单击“参照”按钮，系统弹出“参照”上滑面板，如图 3.40所示。在该上滑面板中显示了当前曲面集的类型，并可以改变复制参照。单击“细节...”按钮，系统弹出“曲面集”对话框，如图 3.41 所示。在该对话框中可以查看和修改曲面属性。

图　3.40

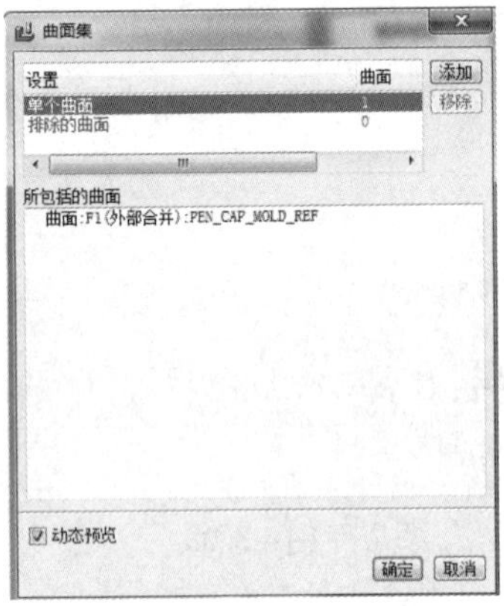

图　3.41

3）“选项”上滑面板：单击“选项”按钮，系统弹出“选项”上滑面板，如图 3.42所示。在该上滑面板中，可以使用下面 3 个选项来复制曲面。

① 按原样复制所有曲面：该选项用于创建所选取曲面的精确副本，为系统默认的选项。

② 排除曲面并填充孔：该选项用于复制所选取曲面的一部分，并允许填充曲面内的孔。

③ 复制内部边界：该选项用于仅复制位于边界内部的曲面。

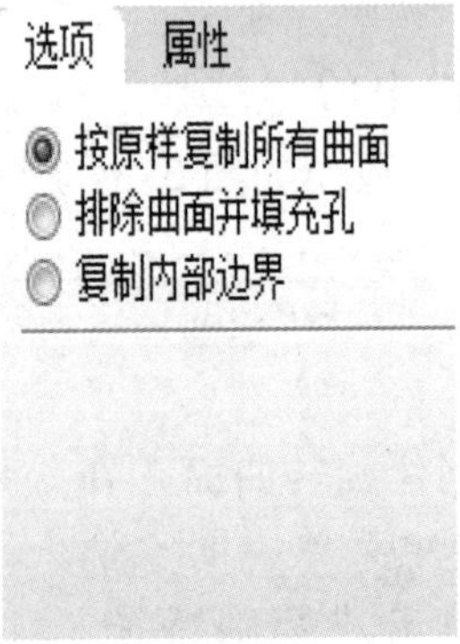

图　3.42

在复制曲面过程中，如果需要选取的表面比较少，则可以直接选取。当选取的表面比较多时，如果直接选取则显得相当烦琐。此时，可以灵活使用各种构建曲面的方法，从而快速选取所需的表面。

（5）构建曲面

1）单个曲面集：单个曲面集是包含一个或多个实体曲面的选项集。如果需要选取的表面比较少，则可以构建单个曲面集来选取所需曲面。如果要同时选取多个曲面。则可以按住 <Ctrl> 键并单击这些表面，即可将其选取。另外，如果错误地选取了某个表面，则也可以按住 <Ctrl> 键并单击该表面，即可将其取消。

2）实体曲面集：实体曲面集是包含所选实体的所有曲面的选项集。如果需要复制参照零件所有的表面，则可以构建实体曲面集。

3）面组曲面集：面组曲面集是包含一个或多个面组的选项集。对于一些形状相同的分型面，可以首先创建其中的任意一个分型面，然后构建面组曲面集，并通过移动或镜像操作来快速创建其他分型面。

4）目的曲面集：目的曲面集是包含一个或多个目的曲面的选项集。通过构建目的曲面集的方法复制的曲面属于智能特征，当参考特征变更再生时，系统能够自动判断出设计意图并作出相应更改，以避免进入失败

诊断处理程序。

5）环曲面集：环曲面集包含所选曲面上的所有相邻曲面。构建环曲面集时，首先需要在参照零件上选取一个表面以建立锚点，然后按住 <Shift> 键并选取所选表面界面上的任意一条边，此时，系统自动将所选表面的所有相邻表面全部选中。

6）种子和边界曲面集：种子和边界曲面集包含种子曲面以及种子曲面与边界曲面之间的所有曲面。构建种子和边界曲面集时，只需选取种子面和边界面，系统就会自动将种子面以及种子面与边界面之间的所有曲面全部选中。

（6）创建阴影曲面　前面主要介绍的是手工创建分型面的各种方法，下面介绍使用 Pro/E 提供的智能分模功能来快速创建分型面的方法。首先介绍使用"阴影曲面"命令来创建分型面的方法。

"阴影曲面"命令利用光投影技术创建分型面。创建阴影曲面时，必须首先创建一个工件，并且使其处于显示状态。如果工件处于遮蔽状态，则"阴影曲面"命令将不可用；参照零件必须完全拔模。如果参照零件上没有完全创建拔模斜度，则会产生错误的分型面。

在分型面设计界面中，单击主菜单中的"编辑"→"阴影曲面"命令，系统弹出"阴影曲面"对话框。下面将简单介绍该对话框中各个选项的功能。

1）阴影零件：该选项用于选取参照零件。如果模具模型中只有一个参照零件，系统会自动选取该零件。如果模具模型中有多个参照零件，系统将弹出"特征参考"菜单，用于选取创建阴影曲面的参照零件。

2）工件：该选项用于选取工件以定义阴影曲面的边界。如果模具模型中只有一个工件，系统会自动选取该工件。

3）方向：该选项用于定义光源方向。在默认情况下，系统会自动根据默认的拖拉方向来指定光源方向，即光源方向与拖动方向相反。

4）修剪平面：该选项用于选取修剪平面以修剪阴影曲面。

5）环闭合：该选项用于封闭阴影曲面上的内部环。双击该选项，系统弹出"封合"菜单管理器，该菜单包括下面 3 个命令选项。

① 顶平面：该选项用于选取封闭破孔的平面。在默认情况下，系统会选中该选项。

② 所有内部环：选中该选项时，系统将封闭曲面上所有的破孔。在默认情况下，系统会选中该选项。

③ 选取环：该选项用于选取需要封闭的破孔。

6）关闭扩展：该选项用于将阴影曲面放置到关闭平面之前延伸到参照模型之外。

7）拔模角度：该选项用于定义关闭延伸长度与关闭平面之间的过渡曲面的拔模角度。

8）关闭平面：该选项用于选取关闭平面，关闭平面主要用于延伸阴影曲面。如果用户选取了多个参照零件，则必须选取关闭平面。

9）阴影面：如果参照零件侧面有凹凸部位，则可以使用该选项指定模具元件或体积块以创建正确的阴影曲面。

（7）创建裙边曲面　裙边曲面是一种特殊的分型面，它仅产生模具的靠破面，并不包含参照零件的成型面。创建裙边曲面时，必须首先创建一个工件，并且使其处于显示状态。如果工件处于遮蔽状态，则"裙边曲面"命令将不可用；创建裙边曲面前，需要创建表示分型线的曲线。该曲线可以是一般基准曲线，还可以是侧面影像曲线。

（8）创建侧面影像曲线　侧面影像曲线是在以垂直于指定平面方向查看时，为创建分型线而生成的特征，包括所有可见的外部和内部参照零件边。

单击主菜单中的"插入"→"侧面影像曲线"命令，或单击"模具设计"工具栏上的"侧面影像曲线"  按钮，系统弹出"侧面影像曲线"对话框，如图 3.43 所示。下面将简单介绍该对话框中各个选项功能。

图　3.43

1）名称：该选项用于指定侧面影像曲线的名称。在默认情况下，系统自动生成侧面影像曲线的名称。

2）曲面参照：该选项用于指定投影轮廓曲线的参照曲面。如果模具模型中只有一个参照零件，系统会自动选取该零件的所有表面。

3）方向：该选项用于指定光源方向。在默认情况下，系统会自动根据默认的拖拉方向来指定光源方向，即光源方向与拖动方向相反。

4）投影画面：如果参照零件侧面有凹凸部位，则可以使用该选项指定体积块或元件以创建正确的分型线。

5）间隙关闭：该选项用于检查侧面影像曲线中的断点及小间隙，并将其闭合。

6）环路选择：该选项用于选取环或曲线链。双击该选项，系统会弹出"环选取"对话框。在该对话框中，可以排除环和指定曲线链的状态。

如果参照零件中的曲面没有拔模角度，则系统在该曲面上方的边和下方的边都形成曲线链。这两条曲线不能同时使用，用户必须根据需要选取其中的一条曲线。如果参照零件中的曲面有拔模角度，则系统只会创建一条曲线。

（9）创建裙边曲面　创建裙边曲面时，系统会将曲线环路分成内部环路和外部环路，并填充内部环路及将外部环路延伸至工件的边界。

在分型面设计界面中，单击主菜单中的"编辑"→"裙边曲面"命令，或单击"模具设计"工具栏中的"裙边曲面"按钮，系统弹出"裙边曲面"对话框，如图 3.44 所示。下面将简单介绍该对话框中各个选项的功能。

图　3.44

1）参照模型：该选项用于选取创建裙边曲面的参照零件。如果模具模型中只有一个参照零件，系统会自动选取该零件。

2）工件：该选项用于选取创建裙边曲面边界的工件。

3）方向：该选项用于指定光源方向。在默认情况下，系统会自动根据默认的拖拉方向来指定光源方向，即光源方向与拖动方向相反。

4）曲线：该选项用于选取创建裙边曲面的侧面影像曲线。

5）延伸：该选项用于从曲线中排除一些曲线段，指定相切条件以及改变延伸方向。在默认情况下，系统会自动确定曲线的延伸方向。但在某些情况下，用户需要更改裙边曲面的延伸方向，这样才能创建质量较

好的裙边曲面。双击该选项，系统弹出
"延伸控制"对话框，如图 3.45 所示。

图　3.45

①"延伸曲线"选项卡：在"包括曲
线"列表中显示了要延伸的所有曲线段，
用户可以排除一些曲线段。

②"相切条件"选项卡：如图 3.46 所
示，在该选项卡中，用户可以指定裙边曲面
的延伸方向与相邻的表面相切。

图　3.46

③"延伸方向"如图 3.47 所示，此时
系统将在图形窗口中的参照零件上显示延伸
方向箭头。在该选项卡中，用户可以更改裙
边曲面的延伸方向。

当设置系统颜色为"使用 pre-Wildfire
方案"时，系统以黄色箭头表示默认的延
伸方向，紫红色箭头表示用户自定义的延
伸方向，蓝色箭头表示切向延伸方向。

图　3.47

6）环路闭合：该选项用于封闭裙边曲
面上的内部环。

7）关闭扩展：该选项用于将裙边曲面
放置到关闭平面之前延伸到参照模型之外。

8）拔模角度：该选项用于定义关闭延
伸长度与关闭平面之间的过渡曲面的拔模
角度。

9）关闭平面：该选项用于选取关闭平
面，关闭平面主要用于延伸裙边曲面。

**3.7.4　创建裙部曲面侧面影像曲线和裙部
曲面的方法**

下面通过一个实例，让读者掌握创建裙
部曲面侧面影像曲线和裙部曲面的方法。

（1）设置工作目录

1）单击主菜单中的"文件"→"设置工
作目录"命令，打开"选取工作目录"对
话框，改变目录到所需要的文件夹。

2）单击对话框底部的"确定"按钮，
即可将此文件设置为当前进程中的工作
目录。

（2）设置配置文件

1）单击主菜单中的"工具"→"选项"
命令，打开"选项"对话框，在"选项"
文本框中输入"enable_absolute_accuracy"，
并按 < Enter > 键确认。此时，在"值"编
辑框会显示"no"选项，表示没有启用绝
对精度功能。

2）单击"值"编辑框右侧的 ˙ 按钮，

并在打开列表中选择"yes"选项。单击"添加/更改"按钮,此时,"enable_absolute_accuracy"选项和值会出现在"选项"显示选项组中。

3)单击该对话框底部的"确定"按钮,退出对话框。此时,系统将启用绝对精度功能,这样在装配参照零件过程中,可以将组建模型的精度设置为和参照模型精度相同。

(3)引入参照零件

1)在进入模具环境之后,单击"菜单管理器"中的"模具模型"→"装配"→"参照模型"命令。

2)在"打开"对话框中找到要设计模具的几何模型,然后单击"打开"按钮。此时系统会将选择的几何模型添加到模具组件模型中。打开"元件放置"对话框后,要求定位参考模型,因为没有特殊要求,所以可以单击"缺省"按钮,把参考模型定位在缺省位置。

3)单击"元件放置"对话框底部的"☑"按钮,系统将弹出"警告"对话框。单击对话框底部的"确定"按钮,接受绝对精度值的设置,然后单击"菜单管理器"对话框底部的"完成/返回"按钮。

(4)手工创建工件

1)在模具模块下单击"菜单管理器"中的"模具模型"→"创建"→"工件"→"手动"命令。

2)单击"元件创建"对话框中的"确定"按钮之后,会弹出"创建选项"对话框。

3)选择"创建特征"的创建方法之后,单击"确定"按钮。

按照图 3.48 ~ 图 3.54 所示步骤操作后,成功绘制了手工工件。

(5)按比率收缩

1)单击"模具设计"工具栏中的"按比例收缩" 按钮,或单击右侧"模具"菜单中的"收缩"→"按比例"命令。

图　3.48　　　　　　图　3.49

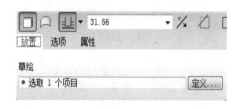

图　3.50

图　3.51

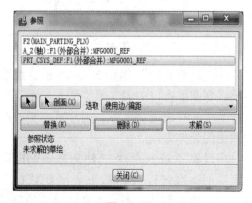

图　3.52

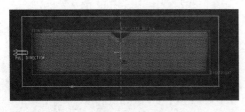

图 3.53

图 3.54

2）单击 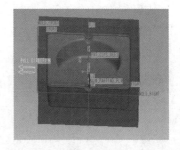 按钮，选择坐标系，设置收缩率。

（6）打开模具文件

1）单击"文件"工具栏上的"打开"按钮，打开"文件"对话框。

2）在该对话框中的"文件"列表中，选中要打开的模具文件，单击对话框底部的"打开"按钮，进入模具设计模块。

（7）创建侧面影像曲线

1）单击"模具设计"工具栏中的"侧面影像曲线" 🍪 按钮，打开"侧面影像曲线"对话框，如图 3.55 所示。

图 3.55

2）接受该对话框中默认的设置，单击对话框底部的"确定"按钮，完成创建影像曲线操作。此时，创建的侧面影像曲线如图 3.56 所示。

（8）创建分型面

1）单击"模具设计"工具栏上的"分型面" 🔲 按钮，进入分型面设计界面。

2）单击"MFG 体积块"工具栏中的

图 3.56

"属性"按钮，打开"属性"对话框，在"名称"文本中输入分型面的名称"main"，单击对话框底部的"确定"按钮，退出对话框。

3）单击"模具设计"工具栏中的"裙边曲面"按钮，系统弹出"裙边曲面"对话框（见图 3.57）和"链"菜单管理器（见图 3.58），并要求用户选取用于创建裙边曲面的曲线。

图 3.57

图 3.58

4）在图形窗口中选取创建的侧面影像曲线，然后单击"链"菜单管理器中的"完成"命令，返回"裙边曲面"对话框。

5）完成延伸方向的定义，如图3.59所示，单击"预览"，按钮，效果如图3.60所示。

图 3.59

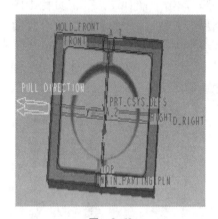

图 3.60

6）接受该对话框中其他选项的默认设置，单击对话框底部的"确定"按钮，完成创建裙边曲面操作。

3.7.5 创建阴影曲面的实例

下面再讲一个创建阴影曲面的实例。

设置工作目录以及打开模具文件的方法如同上一例操作，下面主要介绍创建分型面的过程。

单击主菜单中的"编辑"→"阴影曲面"命令，打开"阴影曲面"对话框，如图3.61所示。

接受对话框中默认的设置，单击对话框底部的"确定"按钮，完成创建阴影曲面操作，结果如图3.62所示。

图 3.61

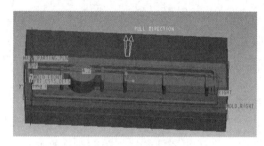

图 3.62

3.8 创建模具体积块

模具体积块是一个占有体积但没有质量的封闭的曲面面组。它不是一个实体，必须通过体积分割将其抽取为模具元件，才能成为零件。可以直接创建模具体积块，也可以通过分割工件或已经存在的模具体积块来得到模具体积块，下面分别进行详细介绍。

3.8.1 直接创建模具体积块

Pro/E提供了聚会、草绘、滑块3种直接创建模具体积块的方法。

单击主菜单中的"插入"→"模具几何"→"模具体积块"命令，或直接单击"模具设计"工具栏中的"模具体积块"按钮，系统将进入模具体积块设计界面，如图3.63和图3.64所示。

1. 聚合法创建模具体积块

聚合法创建模具体积块是通过复制参照零件上的表面，然后将其边界延伸到特定的平面并将其封闭，从而得到模具体积块的一种方法。一般情况下，使用聚合法创建的模

图　3.63

图　3.64

图　3.65

具体积块都不完整，还必须配合草绘功能才能创建出完整的模具体积块。

聚合法创建模具体积块的具体操作如下。

1）进入模具体积块设计界面后，单击主菜单中的"编辑"→"收集体积块"命令，系统会弹出"聚合步骤"菜单管理器，如图 3.65 所示。该菜单管理器中各个命令选项的功能如下。

① 选取：该选项用于从参照零件中选取曲面。

② 排除：该选项用于从体积块的定义中排除边或者曲面的环。

③ 填充：该选项用于在体积块上封闭内部轮廓线或曲面上的孔。

④ 封闭：该选项用于通过选取顶平面和边界线来封闭体积块。

提示：在"聚合步骤"菜单管理器中，"选取"和"封闭"是必选项，即默认选项，如果所选曲面上有破洞，则可以选中"封闭"来封闭破孔。

2）接受菜单默认选项，单击"完成"命令，系统将会弹出"聚合选取"菜单管理器，如图 3.66 所示。该菜单管理器中"曲面和边界"和"曲面"命令的功能如下。

图　3.66

① 曲面和边界：选择该命令时，首先需要选取一个曲面作为种子曲面，然后选取边界曲面。此时，系统将所选中的种子曲面和边界曲面之间的所有曲面全部选中。

② 曲面：选择该命令时，可以逐个选取曲面作为模具体积块的参照曲面。

使用"曲面和边界"命令可以快速、准确地选取所需表面,所以该选项是最常用的一种,但是在实际操作中比较麻烦,而曲面选项则操作简单,容易达到预期的效果。

3)接受菜单中的默认选项,单击"完成"按钮。在图形窗口选取所要创建的所有曲面后,由于工件的存在使得选取曲面产生了困难,所以先将其进行遮蔽。可以通过单击工件的标识"PRT003",单击右键遮蔽;也可以通过单击工具栏中的"遮蔽" 按钮,单击零件名称"PRT003",单击"遮蔽"选项,然后单击"遮蔽"操控板中的"关闭"按钮,如图3.67所示。

然后按住<Ctrl>键,选取所需要的所有曲面(不允许遗漏),如图3.68所示,单击"确定"按钮。

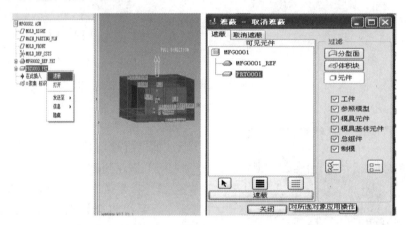

图 3.67

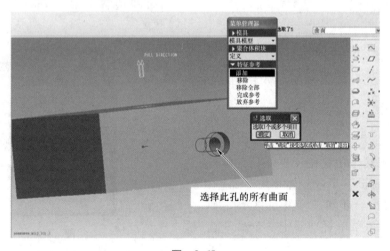

选择此孔的所有曲面

图 3.68

4)单击"确认"按钮,然后单击"完成参考"之后,系统弹出"封合"菜单管理器,如图3.69所示。该菜单管理器中各个命令选项的功能如下。

①顶平面:该选项用于指定封闭模具体积块的平面。

②全部环:选择该选项时,曲面中所有的开放边界都将被延伸到顶平面并封闭。

③选取环:选择该选项时,只有被选取的环会被延伸到顶平面。

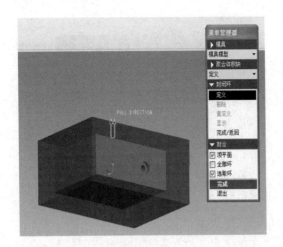

图　3.69

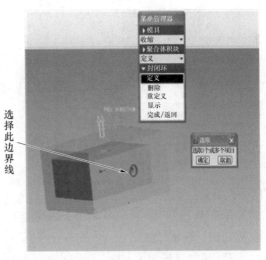

图　3.71

因为系统在弹出"封合"菜单管理器，默认选项单击完成后，下一步会要求选择模具体积块封闭的平面。从分模的理论来讲，一般都选择工件的外表面作为封闭的平面，所以此时必须将遮蔽的工件显示出来，如图 3.70 所示，否则当系统要求选择时，就无法显示，一切又必须从头开始。

图　3.70

5）接受该菜单中的默认选项，单击该菜单中的"完成"按钮。在图形窗口中选取工件与所选孔的正对面的平面，之后工件会变成灰白色，然后选取孔的边界线，之后单击"确定"→"完成/返回"→"完成"命令，如图 3.71 和图 3.72 所示。

因为所选的边界线是作为延长到工件的边界线，所以一般为孔的最外边界线。一个完整的圆是以两段圆弧构成的，所以选取时还是一边单击所选边界，一边按住 < Ctrl >

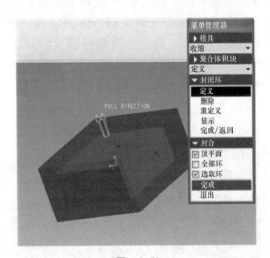

图　3.72

键。注意，只能选择一次，否则重复单击时，系统将无法继续添加。切记，边界线选择完成后，单击"确定"按钮。< Ctrl >键用来选取多条线段，< Shift >键用来将所选的线段连成一条线段，用途不一样，需要加以分别。

6）接受默认选项，系统进入到"聚合步骤"菜单管理器，如图 3.73 所示。此时选择"完成/返回"，系统将弹出"聚合体积块"菜单管理器，单击"显示体积块"，再次单击"完成"。

出现这个菜单管理器预示着聚合法创建

图 3.73

模具体积块已经成功了80%，否则可能需要重新进行编辑或定义。

7）接受"完成"命令，所创建的模具体积块显示出来，如图3.74所示，之后单击 ✓ 按钮，聚合法创建模具体积完成，在模具设计截面出现一个聚集标识（MOLD_VOL_1—模具体积块），如图3.75和图3.76所示。

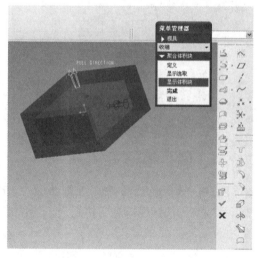

图 3.74

2. 草绘法创建模具体积块

（1）草绘法创建模具体积块基本过程

1）单击"模具设计"工具栏中的"模具体积块" 按钮，系统将进入模具体积块设计界面，单击"基础特征"工具栏中的"拉伸" 按钮，打开"拉伸"操控板，单击"放置"按钮，再单击弹出的草绘选

图 3.75

图 3.76

项中的"定义"按钮，打开"草绘基准面选取"对话框，选择所要创建模具体积块的基准面，单击即可。然后单击"确定"按钮，进入草绘界面，此时系统提示需要选择参照，单击一些可以作为参照的边线，如图3.77所示，单击"草绘器工具"工具栏上的"圆心和点" ○ 按钮，绘制草图截面，如图3.78所示。

2）单击"草绘器工具"工具栏中的 ✓ 按钮，完成草绘操作，返回"拉伸"操控板，在"位置"选项中选择"成型到面"，选择工件外表面，如图3.79所示。

选取中心线

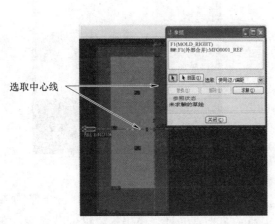

图　3.77

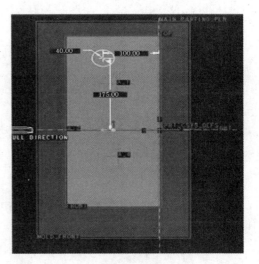

图　3.78

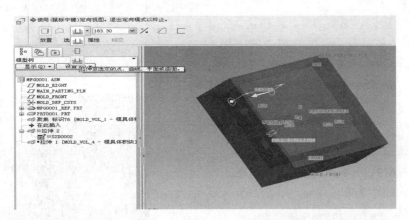

图　3.79

3）单击"拉伸"操控板上的 ✓ 按钮，系统返回模具体积块设计界面，单击"MFG体积块"工具栏中的 ✓ 按钮，完成草绘法创建模具体积块，如图 3.80 和图 3.81所示。

以上介绍的草绘法创建模具体积块是一种类似于创建零件实体特征的方法，可以使用拉伸、旋转等工具来创建模具体积块。对于拉伸、旋转等工具所创建的模具体积块，在某些情况下，还需要从模具体积块中减去参照零件几何，这样才能创建一个完整的模具体积块。Pro/E 提供了下面两种方法来修剪模具体积块。

图　3.80

85

图 3.81

① 参照零件切除：从创建的模具体积块中切除参照零件几何。

② 修剪到几何：通过选取参照零件几何、面组或者平面来修剪所创建的模具体积块。

（2）草绘法创建完整的模具体积块

1）单击"模具设计"工具栏中的"模具体积块"按钮，系统将进入模具体积块设计界面，单击"基础特征"工具栏中的"拉伸"按钮，打开"拉伸"操控板，单击"线框"按钮，单击弹出的草绘选项中的"定义"按钮，打开"草绘基准面选取"对话框，选择模具与所创建模具体积块的正上方的平面，如图 3.82 所示。

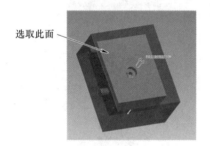

图 3.82

2）单击"草绘"按钮，进入草绘界面，选取草绘参照（选择工件边线），单击"草绘器工具"工具栏中的"使用"按钮，弹出"类型"对话框，选取零件上的圆弧，单击"确定"按钮，再单击对话框底部的"关闭"按钮，退出对话框，如图 3.83 所示。

图 3.83

选取参照时，一般选取中心线作为参照，此时需将面显示出来，也可以选择工件的边线，只要在随后的操作中所选的参照不会丢失即可。"使用"命令在草绘中运用比较普遍，它可以将原来就存在的边界"使用"为现在的，可以快速、方便地绘图，如图 3.84 所示。

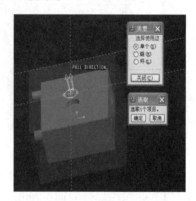

图 3.84

3）绘制完成后，单击"草绘器工具"工具栏中的✓按钮，返回"拉伸"操控板，在位置选择栏中选择"成型到面或者边"按钮，然后单击所创建模具体积块的底部边线，此时由于工件遮住了边界，所以可以将工件显示模式调整为线框模式，单击"线框"按钮，如图 3.85 和图 3.86 所示。

4）单击"拉伸"操控板上的✓按钮，然后单击"编辑"→"修剪"→"参照零件切除"命令，系统会自动依照零件上孔的几何形状进行切割，创建模具体积块，如

图 3.87 和图 3.88 所示。

图　3.85

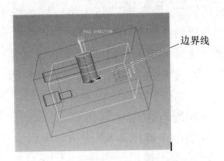

边界线

图　3.86

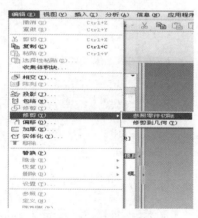

图　3.87

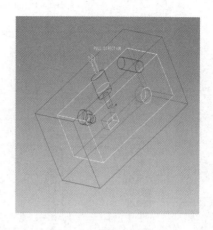

图　3.88

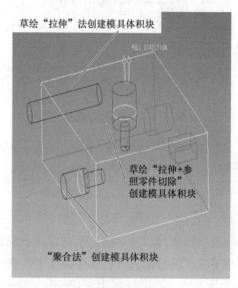

草绘"拉伸"法创建模具体积块

草绘"拉伸+参
照零件切除"
创建模具体积块

"聚合法"创建模具体积块

图　3.89

5）单击"MFG 体积块"工具栏中的 按钮，系统返回到模具设计界面，创建的模具体积块如图 3.89 所示。

切记，一定是在单击"拉伸"操控板上的 按钮之后，再单击"编辑"→"修剪"→"参照零件切除"命令，如果单击"MFG 体积块"工具栏中的 按钮，系统

返回到模具设计界面，则无法再执行此命令进行编辑修改，只能重新开始做。

3. 滑块法创建模具体积块

（1）滑块法基本内容　单击"模具设计"工具栏中的"模具体积块" 按钮，系统将进入模具体积块设计界面，单击"插入"→"滑块"命令（见图 3.90），系统弹出"滑块体积"对话框，如图 3.91 所示。下面将简单介绍该对话框中的各个选项命令。

1）"参照零件"选项组：该选项组用

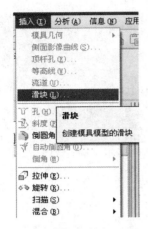

图　3.90

图　3.91

于选取参照零件。如果模具中只有一个参照零件系统，将自动选取；如果模型中存在多个参照零件，则可以单击 ⤢ 按钮，然后选取其中的一个参照零件用于创建滑块。当一模多件时，零件都为同一件，所以可以通过创建一个零件上的滑块后，再通过"镜像""阵列"等命令创建其余几件的滑块，比较快速和方便。

2）"拖拉方向"选项组：该选项组用于指定拖拉方向。在默认情况下，系统会自动选中"使用缺省值"复选按钮。

3）"计算底切边界"按钮：单击该按钮系统会执行几何分析，并将生成的滑块边界面组放置到"排除"列表中。

4）"包括"列表：该列表用于显示创

建滑块的边界面组。

5）"排除"列表：该列表用于显示系统通过计算存在的边界面组。

6） ⤢ 按钮：单击该按钮，可以将"排除"列表中的面组放置到"包括"列表。

7） ⤢ 按钮：单击该按钮，可以将"包括"列表中的面组放置到"排除"列表。

8） ▦ 按钮：单击该按钮，可以将选中的边界面组以网格的方式显示。

9） ▱ 按钮：单击该按钮，可以将选中的边界面组以着色的方式显示。

10）"投影平面"选项组：该选项组用于延伸滑块。选取了投影平面后，系统会自动将滑块延伸到该平面。

（2）滑块法创建完整的模具体积块

1）单击"计算底切边界"按钮，系统将零件的所有面组计算出来，显示在"排除"列表中，如图 3.91 所示。单击"面组3"，再单击 ⤢ 按钮，将面组 3 添加到"包括"列表中，如图 3.92 所示。单击 ▦ 按钮，可以在零件上以网格显示所要创建的面组，如图 3.93 所示。

图　3.92

2）单击"投影平面"选项组中的 ⤢ 按钮，选取投影平面，单击"面组3"正前方的平面，如图 3.94 和图 3.95 所示。

3）可以单击"预览" ∞ 按钮，查看所创建的滑块，如图 3.96 所示。然后单击"滑块体积"对话框的底部 ✓ 按钮，退出

图　3.93

图　3.94

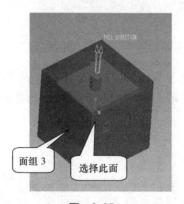

图　3.95

图　3.96

图　3.97

"滑块体积"对话框，单击"MFG 体积块"工具栏中的 ✓ 按钮，系统返回到模具设计界面，完成滑块的创建，如图 3.97 所示。

如果是一模一件时，直接单击"模具体积块" ✍ 按钮，进入模具体积块设计界面，单击"插入"→"滑块"命令，单击"计算底切边界"按钮，选择一个需要创建

的面组，通过单击 ◨ 按钮，然后单击 ▦ 按钮以红色网格显示面组，判断是否符合要求，然后单击"投影平面"选项组中的 ▲ 按钮，选取面组正前方的平面，单击"预览" ☞ 按钮，可以查看创建的滑块。确定正确后，单击"滑块体积"对话框底部的 ✓ 按钮，然后单击"MFG 体积块"工具栏中的 ✓ 按钮，系统返回到模具设计界面，完成滑块的创建。

以上是直接创建模具体积块的三种方法，还有一种复杂但也比较常见的方法就是通过分型曲面创建模具体积块。

3.8.2　通过分型曲面创建模具体积块

1）单击"插入"→"模具几何"→"分型曲面"命令，进入模具体积块设计界面，此时需要复制曲面，将工件遮蔽，按住 < Ctrl > 键，单击需要的所有曲面，如图 3.98 和图 3.99 所示。

通过分型曲面法创建模具体积块时，进入模具体积块设计界面必须通过"插入"→"模具几何"→"分型曲面"命令，而不可以

图　3.98

选择此孔的所有曲面

图　3.99

直接单击"模具体积块" 按钮，否则系统默认为直接创建模具体积块，"复制" 按钮和"粘贴" 按钮不亮，无法进行相关操作。

2）单击"复制" 按钮，然后单击"粘贴" 按钮，系统弹出"复制曲面"操控板，下面将简单介绍该操控板常用功能。

① 单击"参照"选项，弹出图 3.100所示的上滑面板。通过 < Ctrl > 键选择的所有曲面为默认参照。如果没有选择曲面，则单击复制参照的空白处选取曲面。

图　3.100

② 单击"选项"，弹出图 3.101 所示的上滑面板。

图　3.101

● 按原样复制所有曲面：该选项用于创建所选曲面的精确副本，为系统默认选项，如图 3.102 所示。

所复制的曲面

图　3.102

● 排除曲面并填充孔：该选项用于复制所选取曲面的一部分，并允许填充曲面内的孔。

● 复制内部边界：该选项用于仅复制内部边界。

一般当所复制的曲面内没有孔时，选择默认选项按原样复制所有曲面，这是因为分型曲面法创建模具体积块时，通过复制曲面将曲面边界延伸至工件表面，所以必须是封闭的，内部不可以存在孔或者其他不封闭的曲面。

3）接受系统默认选项按原样复制所有曲面，单击"复制曲面"操控板上的 按钮。因为下一步需要进行"延伸"，并延伸到工件的表面，所以此时需将工件显示，然

后单击刚才复制的孔的边界线，按住
<Shift>键，单击另一半圆弧，再单击"编
辑"→"延伸"→"延伸到面" 🔲 按钮，所选
的边界延伸至工件表面（见图 3.103），单
击"延伸"操控板上的 ✅ 按钮。

图　3.103

对于通过分型曲面法创建模具体积块而
言，在选取要复制的曲面时，需将工件遮
蔽，而通过"延伸"命令延伸到工件表面
时，又需要将工件取消遮蔽；对于"延伸"
命令，有时通过<Shift>键选择全部所要选
择的边线后，单击"编辑"命令后，会发
现延伸命令不亮显。

4）单击"MFG 体积块"工具栏中的
✅ 按钮，完成分型曲面法创建的模具体积
块的全过程，如图 3.104 所示。

图　3.104

3.9　创建模具元件

以上介绍了创建模具体积块的 4 种方
法，现在通过"体积块分割"命令将其继
续分割成所需要的单独的模具体积块，再通
过"抽取"命令将其抽取为模具元件，成

为实体零件，继而将一个一个的三维模具元
件转化成二维图样，将其转交给加工中心，
生产出一个一个的模具，再将其装配就生产
出实际的一套模具。

3.9.1　分割形成模具体积块

1）单击"模具设计"工具栏中的"分
割体积块" 🔲 按钮，系统弹出"分割体积
块"菜单管理器，如图 3.105 所示。下面简
单介绍此菜单中各个命令的功能。

图 3.105

① 两个体积块：选择该命令时，分割
完成后会产生两个体积块。

② 一个体积块：选择该命令时，分割
完成后只产生一个体积块。

③ 所有工件：该选项用于选取工件作
为分割对象。

④ 模具体积块：该命令用于选取已经
存在的模具体积块作为分割对象。

⑤ 选择元件：该命令用于在图形窗口
中选取要分割的模具元件。

2）利用"分割体积块"命令将以上通
过四种方法创建的模具体积块抽取为模具元
件。单击"模具设计"工具栏中的"体积
块分割" 🔲 按钮，在弹出的"分割体积块"
菜单管理器中，单击"两个体积块"→"所
有工件"→"完成"命令，系统弹出"分割"
对话框，要求用户选取用于分割的模具体积
块，如图 3.106 所示。

3）任意选取一个，单击"选取"对话
框的"确定"按钮，单击"分割"对话框

图 3.106

底部的"确定"按钮，完成分割操作，如图 3.107 所示。

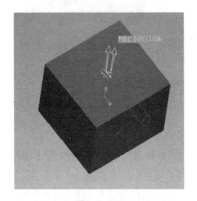

图 3.107

当选取模具体积块时，如果看不清楚，可以单击工具栏中的"线框"按钮，切换成线框模式，如图 3.108 所示。

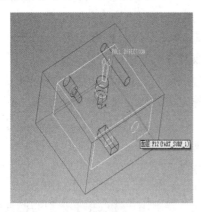

图 3.108

由于以上方法创建了五个模具体积块，此时可以根据自己的需求选取所需要的模具

体积块。

4）完成分割操作后，系统弹出分割好的模块元件的"属性"对话框，单击"确定"按钮，之后又弹出"属性"对话框，再次单击"确定"按钮，如图 3.109 所示。

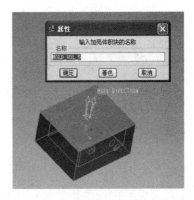

图 3.109

由于选择的是"两个体积块"→"所有工件"命令，所以系统将所选的模具体积块进行了分割，生成了两个模具体积块，一个是被创建的模具体积块，如图 3.109 所示，另一个是被"分割"命令分离出来的模具体积块，如图 3.110 所示。

图 3.110

3.9.2 抽取模具元件

1）退出"属性"对话框后，单击"模具"菜单管理器中的"模具元件"命令（见图 3.111），出现"抽取"命令（见图 3.112），单击"抽取"命令后，系统弹出"创建模具元件"对话框，如图 3.113 所示。

2）通过调整"创建模具元件"对话框

图 3.111

图 3.112

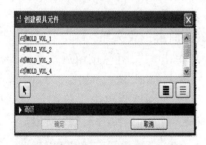

图 3.113

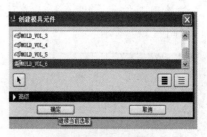

图 3.114

图 3.115

中的上下滚动条，找到通过"分割"命令所创建的模具体积块，单击"MOLD_VOL_6"选项，如图 3.114 所示，单击"创建模具元件"对话框中的"确定"按钮，单击"模具元件"菜单管理器中的"完成/返回"命令，如图 3.115 所示。

由于随后将在此基础上通过选择"两个体积块"→"模具体积块"命令将其余的模具体积块抽取出来，所以在此不将"MOLD_VOL_5"模具体积块进行抽取，以便于后续操作。

3）单击模型树列表中通过"分割"命令抽取的模具元件，单击"MOLD_VOL_6"选项，右键单击"打开"命令，查看"MOLD_VOL_6"，如图 3.116 所示。

图 3.116

4）查看完通过"抽取"命令创建的模具元件后，单击工具栏中的"窗口"命令，

再单击"关闭"按钮，即可返回模具设计
界面，如图 3.117 所示。

图　3.117

通过以上命令抽取出了一个（由以上
四种方法创建）模具体积块，使其成为模
具元件，接下来，继续在刚才的基础上，将
剩下的三个模具体积块依次分割、抽取。

5）单击"MOLD_VOL_6"选项，右键
单击"遮蔽"，单击"模具设计"工具栏中
的"体积块分割" 按钮，在弹出的"分
割体积块"菜单管理器中，单击"两个体
积块"→"模具体积块"→"完成"命令（见
图 3.118），系统弹出"分割"对话框和
"搜索工具 1"对话框，如图 3.119 所示。

图　3.118

6）单击"面组：F：15（MOLD_VOL_
5）"→ 按钮，将选中的面组添加到"已
选取"项目列表中，然后单击"关闭"按
钮，如图 3.120 所示。

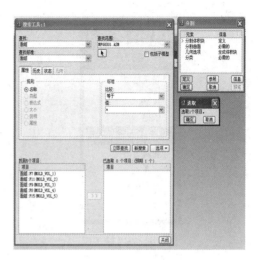

图　3.119

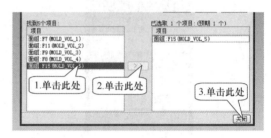

图　3.120

在选择面组时，可以通过单击不同面组
查看各个面组与工件中的哪个模具体积块对
应，且选择原则为选择最大面组，即"面
组：F：15（MOLD_VOL_15）"是 5 个项目
中的最大面组，故选择。

7）单击"关闭"按钮后，系统要求选
择一个模具体积块（见图 3.121），单击
"确定"按钮，然后单击"分割"对话框中
的"确定"按钮，如图 3.122 所示。

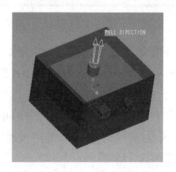

图　3.121

图　3.122

"MOLD_VOL_8"，然后单击"确定"按钮。

图　3.125

8）退出"分割"对话框后，系统弹出"属性"对话框（见图 3.123），单击"确定"按钮后，又弹出"属性"对话框（见图 3.124），再次单击"确定"按钮。

图　3.123

图　3.126

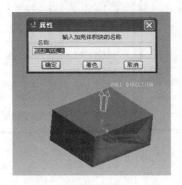

图　3.124

9）退出"属性"对话框后，单击"模具设计"菜单管理器中的"模具元件"命令，出现"抽取"命令，单击"抽取"命令后（见图 3.125），系统弹出"创建模具元件"对话框（见图 3.126），单击

在创建模具元件时，选择哪一个模具体积块要按照一定的原则，例如此工件中，存在由四种方法创建的 5 个模具体积块，所以在第一次"抽取"过程中，选择"MOLD_VOL_6"进行创建模具元件，第二次在"抽取"过程中，选择"MOLD_VOL_8"进行创建模具元件，创建的模具体积块都为偶数，而且具有一定的规律性。

10）退出"创建模具元件"对话框后，单击"模具元件"菜单管理器中的"完成/返回"命令，第二个模具体积块就成功地被抽取为模具元件了。

通过重复 5）～10）步即可将将所有的模具体积块通过"分割""抽取"命令，创建成模具元件，最终创建的模具元件如图 3.127 所示。

通过"两个体积块"→"模具体积块"→"完成"命令进行分割和抽取创建模具元件时，第一次执行"抽取"命令，只可以选

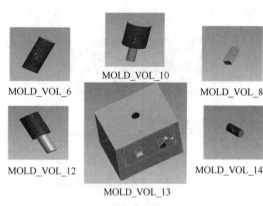

MOLD_VOL_6　　　　MOLD_VOL_10　　　　MOLD_VOL_8

MOLD_VOL_12　　　　MOLD_VOL_14

MOLD_VOL_13

图 3.127

图 3.129

择偶数模具体积块，例如选"MOLD_VOL_6"而不选"MOLD_VOL_5"；其次切记在进行"两个体积块"→"模具体积块"→"完成"命令之前将上一步系统产生的两个模具体积块中未被抽取的部分进行遮蔽，不然无法进行正确的分割和抽取。

以上对创建模具元件进行了介绍，为了让读者牢固掌握创建模具体积块和创建模具元件的整个过程，下面以创建活塞模具为例，进一步巩固相关知识。

3.9.3　创建活塞模具

1）单击"新建"→"制造"→"模具型腔"命令，取消"使用缺省模板"复选按钮的选中状态，单击"确定"按钮（见图 3.128），在弹出的"新文件选项"对话框中选择"mmns_mfg_mold"选项，单击"确定"按钮（见图 3.129），进入模具设计界面。

图 3.128

2）单击"模具设计"菜单管理器中的"模具模型"→"装配"→"参照模型"（见图 3.130a），打开存放零件工作目录，单击"打开"按钮，在约束类型中选择"缺省"，单击工具栏中的 ✓ 按钮。单击"模具模型"→"创建"→"工件"→"手动"命令，如图 3.130b 和图 3.130c 所示。

a)　　　　b)　　　　c)

图 3.130

3）单击"元件创建"对话框中的"确定"按钮（见图 3.131），系统弹出"创建选项"对话框，选择"创建特征"，然后单击"确定"按钮，如图 3.132 所示。

4）单击系统弹出的"模具设计"菜单管理器中的"加材料"命令，然后单击

"完成"命令，如图 3.133 所示。

图　3.131

图　3.132

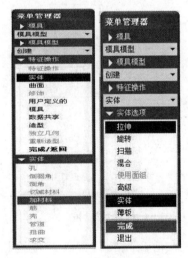

图　3.133

5）系统进入创建工件界面，单击"放置"→"定义"命令，选择一个草绘面（见图 3.134）。单击"草绘"按钮，进入草绘界面。单击中心线作为参照，然后单击"关

闭"按钮，绘制截面，如图 3.135 所示。

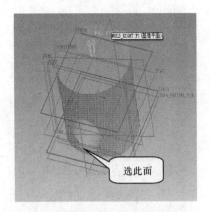

图　3.134

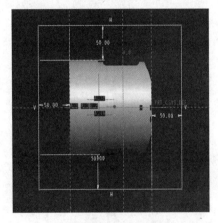

图　3.135

6）单击 ✓ 按钮，退出草绘界面，在"位置类型"中选择"两边对称" ⊟ 按钮，在"深度"中输入"160"，单击"拉伸操控板"右端的 ✓ 按钮，退出由拉伸命令创建工件的界面，单击"模具设计"菜单管理器中的"完成/返回"命令，然后再单击"完成/返回"命令，效果如图 3.136 所示。

7）单击"模具设计"菜单管理器（见图 3.137）中的"收缩"→"按比例"命令，打开"按比例收缩"对话框，单击"坐标系"中的 ▶ 按钮，选择工件上的坐标系（见图 3.138），在"收缩率"中输入"0.80000"（见图 3.139），单击 ✓ 按钮，单击"完成/返回"命令。

8）退出菜单管理的"收缩"设置，单

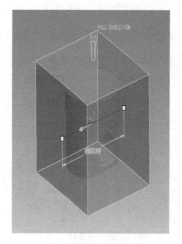

图 3.136

图 3.137

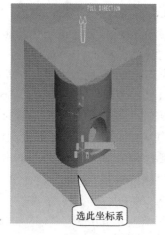

图 3.138

图 3.139

击"插入"→"模具几何"→"分型曲面"命令（见图 3.140），进入模具体积块设计界面，此时需要复制曲面，将工件遮蔽（见图 3.141）。为了创建种子边界曲面，打开下拉列表框，从中选择"几何"选项，如图 3.142 所示。

图 3.140

9）在活塞型腔内部任意位置长按右键，在弹出的选项中选择"从列表中拾取"（见图 3.143 和图 3.144），单击"确定"按钮，按住 <Shift> 键，单击活塞型腔的边界（选择一个封闭的边界），如图 3.145 所示。

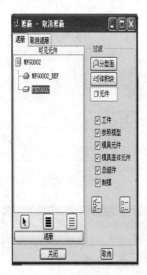

图　3.141

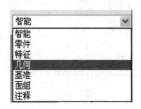

图　3.142

图　3.143

图　3.144

图　3.145

择另一个对称面，单击"复制曲面"操控
板的 ✓ 按钮。

图　3.146

图　3.147

10）单击"复制" 按钮，再单击
"粘贴" 按钮，打开"复制曲面"操控
板，单击"选项"按钮，选择"排除曲面
并填充孔"（见图 3.146），在"排除孔/曲
面"中单击一下，单击活塞销孔终止的内
腔表面（见图 3.147），按住 < Ctrl > 键，选

11）单击"遮蔽"按钮，单击零件
"MFG0002_REF"（见图 3.148），再次单击

"遮蔽"按钮,然后单击"去除遮蔽"按钮;单击工件"PRT002"(见图 3.149),再次单击"去除遮蔽"按钮;单击"关闭"按钮,然后单击刚才复制的曲面的边界(可以只单击其中的一段弧线),如图 3.150所示。

图　3.148

图　3.149

图　3.150

12)单击"编辑"→"延伸"→"参照"→"细节"→"基于规则"→"完整环",单击"链"对话框中的"确定"按钮,如图 3.151和图 3.152 所示。

图　3.151

图　3.152

13)单击"延伸到面"按钮,所选的边界延伸至工件表面(见图 3.153),单击"延伸操控板"的按钮,效果如图 3.154所示。

图　3.153

14)单击"MFG 体积块"工具栏中的按钮,完成分型曲面法创建模具体积块的全过程。返回模具设计界面,单击"复制 1[PART_SURF_1-分型面]"选项,右键单击"遮蔽"按钮。

15)单击"模具设计"工具栏上的"模具体积块"按钮,单击"拉伸"按钮,

图　3.154

单击"放置"按钮，单击"定义"按钮，选取工件与销孔正对表面（见图 3.155），单击"草绘"按钮，绘制截面（截面只要能将销孔包住即可），如图 3.156 所示。

选此面

图　3.155

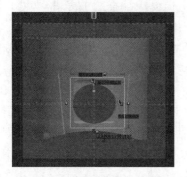

图　3.156

16）单击✓按钮，单击位置选项"拉伸到面"按钮，单击销孔的终止内腔面，单击✓按钮，单击"编辑"→"修剪"→"参照零件切除"命令，效果如图 3.157 和图 3.158所示。

17）单击"MFG 体积块"工具栏中的✓按钮，单击模型树列表中的"拉伸 1

图　3.157

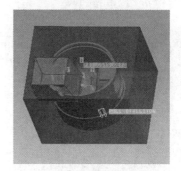

图　3.158

［MOLD_VOL_1-模块体积块］"按钮，单击"编辑"→"镜像"命令，单击"选取 1 个项目"按钮，单击活塞的对称面，单击✓按钮，效果如图 3.159 和图 3.160 所示。

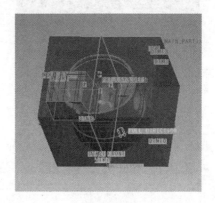

图　3.159

18）单击"分型面"→"拉伸"→"放置"按钮，"定义"命令，选取草绘面（见图 3.161），绘制截面，如图 3.162所示。

19）单击✓按钮，单击"位置"选项

图　3.160

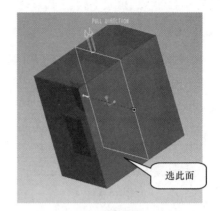

图　3.163

选此面

图　3.161

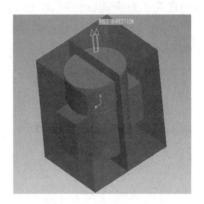

图　3.164

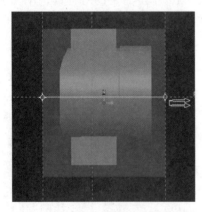

图　3.162

择"取消遮蔽"命令，单击"模具设计"工具栏中的"体积块分割" 按钮，在弹出的"分割体积块"菜单管理器中单击"两个体积块"→"所有工件"→"完成"命令，选取分型曲面法创建的模具体积块（见图3.165），单击"确定"按钮，选择"岛2"（见图3.166），单击"完成选取"按钮（见图3.167），单击分割"确定"按钮。

中的"拉伸到面" 按钮，单击草绘面的对面（见图3.163），单击 按钮，单击"MFG体积块"工具栏中的 按钮，返回到模具设计界面，如图3.164所示。

20）单击"复制1［PART_SURF_1-分型面］"选项，右键单击，从快捷菜单中选

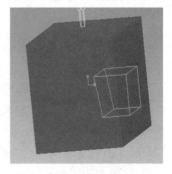

图　3.165

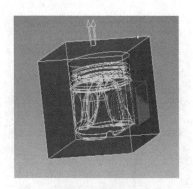

图　3.166

图　3.167

21）系统弹出"属性"对话框，单击"确定"按钮（见图 3.168），再单击"确定"按钮，所创建的模具体积块如图 3.169所示。

图　3.168

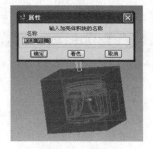

图　3.169

22）单击"模具设计"菜单管理器中的"模具元件"命令，出现"抽取"命令（见图 3.170），单击"抽取"命令后，系统弹出"创建模具元件"对话框，单击"MOLD_VOL_2"，单击"确定"按钮，如图 3.171 所示。

图　3.170

图　3.171

23）单击"分割 标识 12794［MOLD_VOL_3-模具体积块］"选项，右键单击"遮蔽"按钮，单击"模具设计"工具栏中的"体积块分割" 🖳 按钮，在弹出的"分割体积块"菜单管理器中单击"两个体积块"→"模具体积块"→"完成"命令，单击"面组：F15（MOLD_VOL_3）"，单击 >> 按钮，将选中的面组添加到"已选取"项目列表中，然后单击"关闭"按钮，如图 3.172 所示。

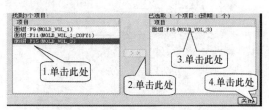

图　3.172

24）单击模具体积块（见图 3.173），单击"确定"按钮，选择"岛 2"，单击"完成选取"（见图 3.174），单击分割"确定"按钮。

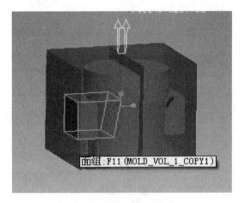

图　3.173

图　3.174

25）系统弹出"属性"对话框，单击"确定"按钮（见图 3.175），然后再单击"确定"按钮，如图 3.176 所示。

图　3.175

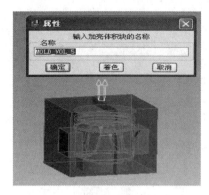

图　3.176

26）单击"模具设计"菜单管理器中的"模具元件"命令，出现"抽取"命令（见图 3.177），单击"抽取"命令后，系统弹出"创建模具元件"对话框，单击"MOLD_VOL_4"，单击"确定"按钮，如图 3.178 所示。

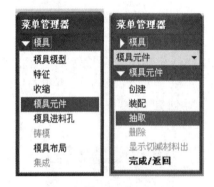

图　3.177

图　3.178

27）单击"完成/返回"命令，单击"分割 标识 11613〔MOLD_VOL_5-模具体积块]"选项，右键单击"遮蔽"按钮，单击"模具设计"工具栏中的"体积块分割" 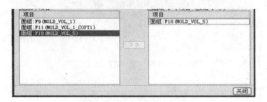 按钮，在弹出的"分割体积块"菜单管理器中单击"两个体积块"→"模具体积块"→"完成"命令，单击"面组：F18（MOLD_VOL_5）"单击 >> 按钮，将选中的面组添加到"已选取"项目列表中，然后单击"关闭"按钮，如图 3.179 所示。

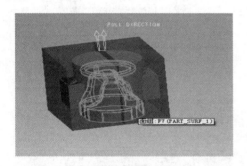

图 3.179

28）单击模具体积块（见图 3.180），单击"确定"按钮，选择"岛 2"，单击"完成选取"按钮（见图 3.181），单击分割"确定"按钮。

图 3.180

图 3.181

29）系统弹出"属性"对话框，单击"确定"按钮（见图 3.182），然后再单击"确定"按钮，如图 3.183 所示。

图 3.182

图 3.183

30）单击"模具设计"菜单管理器中的"模具元件"命令，出现"抽取"命令（见图 3.184），单击"抽取"命令后，系统弹出"创建模具元件"对话框，单击"MOLD_VOL_6"，单击"确定"按钮，如图 3.185 所示。

31）单击"完成/返回"命令，单击"分割 标识 14939［MOLD_VOL_7-模具体积块]"选项，右键单击"遮蔽"按钮，单击"模具设计"工具栏中的"体积块分割" 按钮，在弹出的"分割体积块"菜单管理器中，单击"两个体积块"→"模具体积块"→"完成"命令，单击"面组：F21

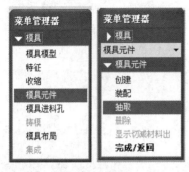

图　3.184

图　3.185

（MOLD_VOL_7）"，单击 >> 按钮，将选中的面组添加到"已选取"项目列表中，然后单击"关闭"按钮，如图 3.186 所示。

图　3.186

32）单击分型面（见图 3.187），单击"确定"按钮，选择"岛 2"，单击"完成选取"按钮（见图 3.188），单击分割"确定"按钮。

33）系统弹出"属性"对话框，单击"确定"按钮（见图 3.189），然后再单击"确定"按钮，如图 3.190 所示。

34）单击"模具设计"菜单管理器中的"模具元件"命令，出现"抽取"命令（见图 3.191），单击"抽取"命令后，系统

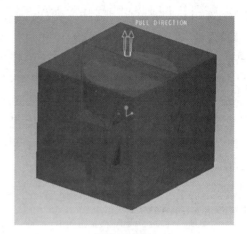

图　3.187

图　3.188

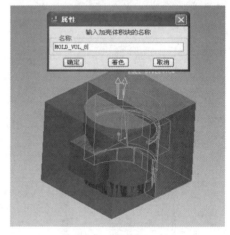

图　3.189

弹出"创建模具元件"对话框，单击"MOLD_VOL_8"，按住 < Shift > 键，单击"MOLD_VOL_9"，单击"确定"按钮，如图 3.192 所示。

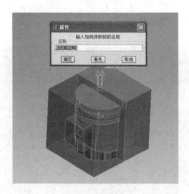

图 3.190

图 3.191

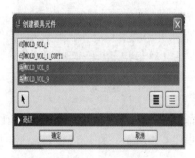

图 3.192

通过以上例子，说明创建的模具元件序号均为偶数，在执行"两个体积块"→"模具体积块"命令前，必须将上一步创建的奇数序号的模具体积块进行遮蔽，以便于后续的抽取，以及创建模具元件。

35）所创建的全部模具元件如图 3.193 所示。

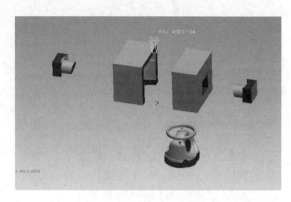

图 3.193

3.10 思考题

1）简述是模具设计的概念以及模具设计的主要工作。

2）在添加工件时，元件放置中的"固定"和"缺省"有什么不同？

3）简述模具设计的流程。

4）复习侧面影像曲线和裙边曲面，并进行烟灰缸的分模设计。

第4章

金属型铸造模具设计实例

本章重点:
- ➤ 装配参照零件
- ➤ 创建工件
- ➤ 创建分型面
- ➤ 创建体积块
- ➤ 创建模具体积块
- ➤ 创建模具元件

本章介绍筒形零件模具设计实例,最终效果如图 4.1 所示。在介绍模具设计步骤之前,首先对该实例进行一些简单分析。

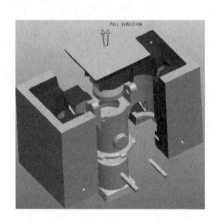

图 4.1

图 4.2

工孔而非铸出孔,因此其毛坯的形状比较简单,如图 4.3 所示。在设计模具型腔时,需要设计三个滑块、一个上砂芯,整体水平分模,铸件便能顺利脱模。

4.1 产品结构分析

由于产品零件是模具设计的重要依据,所以在设计模具前,首先需要对产品零件进行分析,这样才能设计出合理、先进、简单的模具,从而保证产品零件的质量。筒形零件的三维模型如图 4.2 所示,材料为铸造铝合金(代号为 ZL101A),壁厚不均匀,采用金属型重力铸造成型。

本实例中由于零件上侧面孔均为机械加

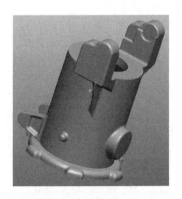

图 4.3

4.2　主要知识点

本实例的主要知识点如下。

（1）装配参照零件　使用参照零件布局功能装配参照零件。

（2）创建工件　使用手动工件功能来创建工件。

（3）创建分型面　通过复制曲面和创建拉伸曲面来创建分型面。

（4）直接创建体积块　使用草绘和滑块功能来直接创建模具体积块。

（5）创建模具体积块　通过分割工件来创建模具体积块。

（6）创建模具元件　抽取创建的模具体积块，使其成为实体零件。

4.3　设计流程

本实例的设计流程如下。

1）设置工作目录。

2）设置配置文件。

3）新建模具文件。

4）装配参照零件。

5）设置收缩率。

6）创建工件。

7）创建分型面。

8）创建模具体积块。

9）分割工件和模具体积块。

10）创建模具元件。

11）创建铸件。

12）仿真开模。

13）保存模具文件。

4.4　设计步骤

4.4.1　设置工作目录

1）单击主菜单中的"文件"→"设置工作目录"命令，打开"选项工作目录"对话框，改变目录到"maopi. prt"文件所在的目录。

2）单击该对话框底部的"确定"按

钮，即可将"maopi. prt"文件所在的目录设置为当前进程中的工作目录。

4.4.2　设置配置文件

1）单击主菜单中的"工具"→"选项"命令，打开"查找选项"对话框。在"输入关键字"文本框中输入"enable_absolute_accuracy"，如图 4.4 所示，并按 <Enter> 键确认。

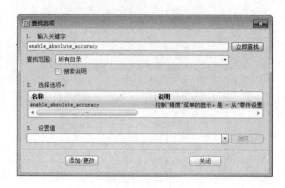

图　4.4

2）单击"设置值"编辑框右侧的回按钮，并在打开的下拉列表中选择"yes"选项，单击"添加/更改"按钮，此时"enable_absolute_accuracy"选项和值会出现在"选项"列表中，如图 4.5 所示。

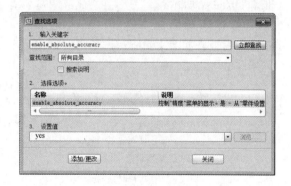

图　4.5

3）单击该对话框底部的"关闭"按钮，退出对话框。此时，系统将启用绝对精度功能，这样在装配参照零件过程中，可以将组件模型的精度设置为和参照模型的精度相同。

4.4.3　新建模具文件

1）单击"文件"工具栏中的"新建" 按钮，打开"新建"对话框（见图 4.6），选中"类型"选项组中的"制造"单选按钮和"子类型"选项组中的"模具型腔"单选按钮。

图　4.6

2）在"名称"文本框中输入文件名 "mfg0001"，取消选中"使用缺省模板"复选按钮，如图 4.6 所示。单击对话框底部的"确定"按钮，打开"新文件选项"对话框，如图 4.7 所示。

3）在该对话框中选择"mmns_mfg_mold"模板，如图 4.7 所示。单击对话框底

部的"确定"按钮，进入模具设计模块。

图　4.7

4.4.4　装配参照零件

1）单击右侧"模具"菜单中的"模具模型"→"装配"→"参照模型"命令，打开"打开"对话框，并要求用户选取参照零件。

2）在该对话框中，系统会自动选中 "maopi.prt"文件，单击对话框底部的"打开"按钮，打开图 4.8 所示的"元件放置"操控板。选择"约束类型"为"缺省"，如图 4.9 所示。此时，在对话栏中将显示当前的约束状态为"完全约束"。

图　4.8

图　4.9

3）单击操控板右侧的 按钮，完成元件放置操作。此时，系统弹出"创建参照模型"对话框，如图 4.10 所示。

4）接受该对话框中默认的设置，单击对话框底部的"确定"按钮，退出该对话框，系统弹出"警告"对话框，如图 4.11 所示。单击"警告"对话框底部的"确定"按钮，接受绝对精度值的设置。此时，装配

的参照零件如图4.12所示。

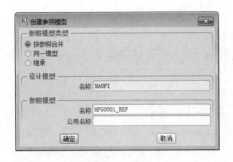

图　4.10

图　4.11

图　4.12

5）单击"模具模型"菜单中的"完成/返回"命令，返回到"模具"菜单。

4.4.5　设置收缩率

1）单击"模具设计"工具栏中的"按比例收缩" 按钮，打开"按比例收缩"对话框。此时，系统将自动选择"坐标系"选项组中的 按钮，要求用户选择坐标系。

2）在图形窗口中选取"PRT_CSYS_DEF"坐标系，然后在"收缩率"文本框中输入收缩值"0.005000"，如图4.13所示。接受其他选项默认的设置，单击对话框底部的 按钮，退出对话框。

图　4.13

4.4.6　创建工件

1）单击右侧"模具"菜单中的"模具模型"→"创建"→"工件"→"手动"命令，打开"元件创建"对话框，在"名称"文本框中，输入工件的名称"gongjian1"，如图4.14所示。

图　4.14

2）接受该对话框中其他选项默认的设置，单击对话框底部的"确定"按钮，打开"创建选项"对话框。在"创建方法"选项组中选中"创建特征"单选按钮，如图4.15所示。

图　4.15

3）单击对话框底部的"确定"按钮，退出对话框。单击右边菜单中的"伸出项"→"拉伸/实体/完成"命令，打开"拉伸"操控板，如图 4.16 所示。

图　4.16

4）单击"拉伸"操控板对话栏中的"放置"按钮，系统弹出"放置"上滑面板，如图 4.17 所示。单击"定义…"按钮，打开"草绘"对话框，如图 4.18 所示。

图　4.17

图　4.18

5）在图形窗口中选取"MOLD_FRONT：F3（基准平面）"作为草绘平面，系统将自动选取"MOLD_RIGHT：F1（基准平面）"作为"右"参照平面，如图4.18 所示。单击对话框底部的"草绘"按钮，进入草绘模式。

6）系统弹出"参照"对话框，在图形窗口中选取" F1（MOLD _ RIGHT）"和"F2（MAIN_PARTING_PLN）"两个基准面作为草绘参照，如图4.19 所示。单击对话框底部的"关闭"按钮，退出对话框。

7）单击"草绘器工具"工具栏中的

"矩形"按钮，绘制一个矩形，并标注尺寸，如图 4.20 所示。单击"草绘器工具"工具栏中的按钮，完成草绘操作，返回"拉伸"操控板。

图　4.19

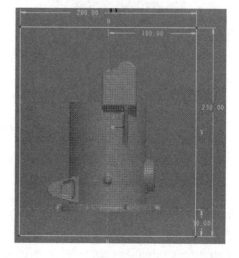

图　4.20

8）选择深度类型为"对称"，在其右侧的"深度"文本框中输入深度值"200"，并按 < Enter > 键确认。单击"拉伸"操控板右侧的按钮，完成工件的创建操作。此时，创建的工件如图 4.21 所示。

图　4.21

9）单击"特征操作"菜单中的"完成/返回"命令，返回"模具"菜单。

4.4.7　创建分型面

1. 创建主分型面

（1）创建拉伸曲面

1）单击"模具设计"工具栏中的"分型面" 按钮，进入分型面设计界面。

2）单击"MFG 体积块"工具栏中的"属性" 按钮，打开"属性"对话框。在"名称"文本框中输入分型面的名称"main"，如图 4.22 所示。单击对话框底部的"确定"按钮，退出对话框。

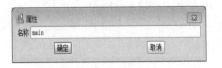

图　4.22

3）单击"基础特征"工具栏中的"拉伸" 按钮，打开"拉伸"操控板。单击对话栏中的"放置"按钮，并在弹出的"放置"上滑面板中单击"定义..."按钮，打开"草绘"对话框。

4）在图形窗口中选取"曲面：F1"工件表面作为草绘平面，系统将自动选取相邻的"曲面：F1"工件表面作为"右"参照平面。单击对话框底部的"草绘"按钮，系统弹出"参照"对话框，在图形窗口中

选取 "F2（MAIN _ PARTING _ PLN）"和 "F3（MOLD_FRONT）"两个基准面作为草绘参照，如图 4.23 所示。单击对话框底部的"关闭"按钮，退出对话框。

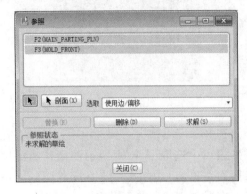

图　4.23

5）单击"草绘器工具"工具栏中的"线" 按钮，绘制 1 条与"MOLD _ FRONT：F3（基准平面）"重合的线段，如图 4.24 所示。

图　4.24

6）单击"草绘器工具"工具栏中"垂直" 按钮右侧的 按钮，并在弹出的工具栏中单击"重合" 按钮。单击图 4.24 中线段的上端点，然后单击工件的上侧边，使它们重合。单击图 4.24 中线段的下端点，然后单击工件的下侧边，使它们重合。此时，绘制的二维截面如图 4.25 所示。

7）单击"草绘器工具"工具栏中的 按钮，完成草绘操作，返回"拉伸"操控

113

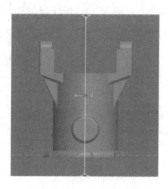

图　4.25

板。选择深度类型为"到选定项" ，并在图形窗口中选取图 4.26 所示的面作为深度参照面。单击"拉伸"操控板右侧的 按钮，完成创建拉伸曲面操作。

图　4.26

（2）着色分型面

1）单击主菜单中的"视图"→"可见性"→"着色"命令，着色的分型面如图 4.27 所示。

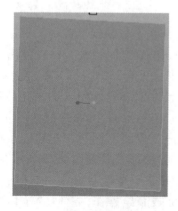

图　4.27

2）单击"MFG 体积块"工具栏中的 按钮，完成分型面的创建操作。此时，系统将返回模具设计模块主界面。

2. 创建零件内腔分型面

（1）复制曲面

1）单击"模具设计"工具栏中的"分型面" 按钮，进入分型面设计界面。

2）单击"MFG 体积块"工具栏中的"属性" 按钮，打开"属性"对话框，在"名称"文本框中输入分型面的名称"PART_SURF_1"，如图 4.28 所示。单击对话框底部的"确定"按钮，退出对话框。

图　4.28

3）按住 < Ctrl > 键，在模型树中单击"MFG0001_REF"工件和"拉伸 1"主分型面，再单击鼠标右键并在弹出的快捷菜单中选择"遮蔽"命令，将其隐藏。

4）旋转参照零件至图 4.29 所示的位置，并在图形窗口中选取图 4.29 所示的内腔表面作为种子面，此时被选中的表面呈红色。

图　4.29

5）按住 < Shift > 键，并在图形窗口中选取图 4.30 所示的平面为边界曲面。松开 < Shift > 键，完成种子和边界曲面的定义。

此时，系统将构建一个种子和边界曲面集，并自动选取整个内腔表面，如图 4.31 所示。

图　4.30

图　4.31

6）按住 < Ctrl > 键，并在图形窗口中选取图 4.32 所示的上顶表面。此时，系统将构建一个单个曲面集。单击"编辑"工具栏中的"复制" 按钮，然后单击"编辑"工具栏中的"粘贴" 按钮，打开"复制曲面"操控板，单击操控板右侧的 按钮，完成复制曲面操作。

图　4.34

3）按住 < Shift > 键，并在图形窗口中选取图 4.35 所示的直边和圆弧边。松开 < Shift > 键，旋转参照零件至图 4.36 所示的位置，再按住 < Shift > 键，在图形窗口中选取图 4.36 所示的直边和圆弧边。

4）单击"延伸"操控板中的"延伸到

图　4.32

（2）延伸曲面

1）在模型树中用鼠标右键单击"MFG0001_REF"工件，并在弹出的快捷菜单中选择"取消遮蔽"命令，将其显示出来。

2）在图形窗口中选取圆弧边，如图 4.33 所示，单击主菜单中的"编辑"→"延伸"命令，打开"延伸"操控板，如图 4.34 所示。

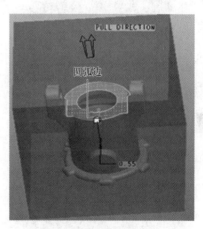

图　4.33

面" 按钮，选中"延伸到平面"选项。在图形窗口中选取工件的顶面作为延伸参照平面，如图 4.37 所示。单击"延伸"操控板右侧的 按钮，完成延伸操作。

（3）着色分型面

1）单击主菜单中的"视图"→"可见

115

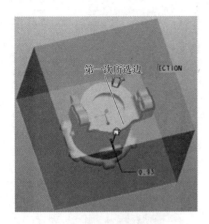

图 4.35

图 4.36

图 4.37

性"→"着色"命令，着色的分型面如图 4.38 所示。

2）单击"MFG 体积块"工具栏中的☑按钮，完成分型面的创建操作。此时，系统将返回模具设计模块主界面。

图 4.38

4.4.8 创建模具体积块

1. 创建上顶型模具体积块

（1）使用拉伸工具创建模具体积块

1）单击"模具设计"工具栏中的"模具体积块"█按钮，进入模具体积块设计界面。

2）单击"MFG 体积块"工具栏中的"属性"█按钮，打开"属性"对话框，在"名称"文本框中输入分型面的名称"MOLD_VOL_1"，如图 4.39 所示。单击对话框底部的"确定"按钮，退出对话框。

图 4.39

3）单击"基础特征"工具栏中的"拉伸"█按钮，打开"拉伸"操控板，单击对话栏中的"放置"按钮，并在弹出的"放置"上滑面板中单击"定义…"按钮，打开"草绘"对话框。

4）在图形窗口中选取工件的顶面作为草绘平面，以"F1（拉伸1）：PRT0001"基准平面作为"左"参照平面。单击"草绘"对话框底部的"草绘"按钮，系统弹出"参照"对话框，在图形窗口中选取"F1（MOLD_RIGHT）"和"F3（MOLD_FRONT）"两个基准面作为草绘参照平面，如图 4.40 所示。单击"参照"对话框底部的"关闭"按钮，退出对话框，进入草绘模式。

图　4.40

5）单击"草绘器工具"工具栏中的"矩形" 按钮，绘制一个矩形，并标注尺寸，如图4.41所示。单击"草绘器工具"工具栏中的 按钮，完成草绘操作，返回"拉伸"操控板。

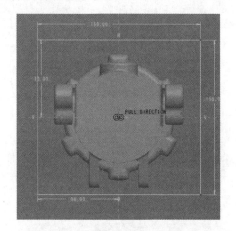

图　4.41

6）选择深度类型为"默认" ，在其右侧的"深度"文本框中输入深度值"25"，按＜Enter＞键确认，并单击"深度"文本框右侧的 按钮，改变拉伸方向。单击"拉伸"操控板右侧的 按钮，完成模具体积块的创建操作，如图4.42所示。

图　4.42

7）在模型树中用鼠标右键单击"MFG0001_REF"工件，并在弹出的快捷菜单中选择"遮蔽"命令，将工件遮蔽。单击"基础特征"工具栏中的"拔模" 按钮，打开"拔模"操控板，如图4.43所示。

图　4.43

8）按住＜Ctrl＞键，在图形窗口中选取模具体积块的四个侧面作为拔模曲面，如图4.44所示。单击"拔模"操控板中的"参照"按钮，并在弹出的"参照"上滑面板中单击"拔模枢轴"选择框，如图4.45所示。再在图形窗口中单击模具体积块的上表面作为"拔模枢轴"的参照，如图4.46所示。

9）在"拔模"操控板 右侧的"拔模

角度"文本框中输入角度值"25"，并按＜Enter＞键确认。单击"拔模"操控板右侧的 按钮，完成模具体积块的拔模操作，如图4.47所示。

10）单击"基础特征"工具栏中的"倒圆角" 按钮，打开"倒圆角"操控板，如图4.48所示。按住＜Ctrl＞键，在图形窗口中选取图4.49所示的边。

11）在"倒圆角"操控板"倒圆角"

拔模曲面

图 4.44

图 4.45

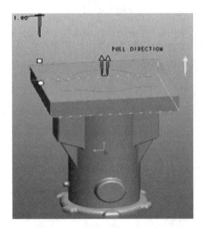

PULL DIRECTION

图 4.46

文本框中输入圆角值"5",并按 < Enter >
键确认。单击"倒圆角"操控板右侧的☑
按钮,完成模具体积块的倒圆角操作,如
图 4.50 所示。

12)在模型树中用鼠标右键单击
"MFG0001_REF"工件,并在弹出的快捷菜
单中选择"取消遮蔽"命令,将其显示出
来。单击"MFG 体积块"工具栏中的☑按
钮,完成上顶型模具体积块的创建操作。此

图 4.47

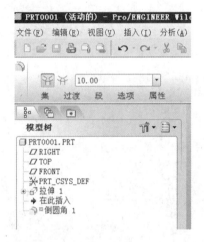

图 4.48

所选边线

图 4.49

时,系统将返回模具设计模块主界面。

(2)合并模具体积块和分型面

1)在模型树中单击"延伸 1"特征,

图 4.50

将其选中，然后按住 < Ctrl > 键，并在模型树中选中"拉伸 2"特征。单击"编辑特征"工具栏中的"合并" 按钮，打开"合并"操控板。

2）单击"合并"操控板对话栏中的 按钮，改变第一个面组要包括在合并曲面中的部分，如图 4.51 所示。单击"合并"操控板右侧的 按钮，完成合并操作。

图 4.51

2. 创建下底型模具体积块

（1）使用滑块功能创建模具体积块

1）单击"模具设计"工具栏中的"模具体积块" 按钮，进入模具体积块设计界面。

2）单击"MFG 体积块"工具栏中的"属性" 按钮，打开"属性"对话框，在"名称"文本框中输入分型面的名称

"MOLD_VOL_2"，如图 4.52 所示。单击对话框底部的"确定"按钮，退出对话框。

图 4.52

3）单击主菜单中的"插入"→"滑块"命令，打开"滑块体积块"对话框，取消"拖拉方向"选项组中"使用缺省设置"复选按钮的选中状态，如图 4.53 所示。此时，系统弹出菜单管理器要求选取拖拉方向，选取图 4.54 的拖拉方向。

图 4.53

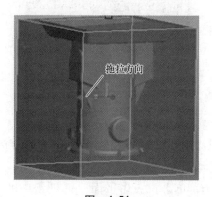

图 4.54

4）单击"滑块体积块"对话框中的"计算底切边界"按钮，系统将自动进行计算。计算完成后，系统将生成的滑块边界面组放置到"排除"列表中，如图 4.55所示。

5）在"排除"列表中选中"面组 1"，单击"着色" 按钮，打开"着色信息"对话框，着色的边界曲面如图 4.56 所示。单击"着色信息"对话框底部的"确定"按钮，

图　4.55

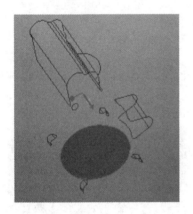

图　4.56

返回"滑块体积块"对话框,单击█按钮,将"面组 1"放置到"包括"列表中。

6)单击"投影平面"选项组中的█按钮,在图形窗口中选取工件的底面作为投影面,如图 4.57 所示。单击"滑块体积块"对话框底部的"预览"█按钮,此时创建的滑块体积块如图 4.58 所示。单击"滑块体积块"对话框底部的█按钮,完成创建滑块的操作。

(2)使用拉伸工具创建模具体积块

1)单击"基础特征"工具栏中的"拉伸"█按钮,打开"拉伸"操控板,单击对话栏中的"放置"按钮,并在弹出的"放

选取此面

图　4.57

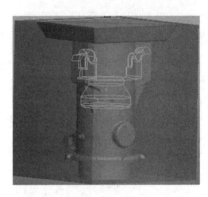

图　4.58

置"上滑面板中单击"定义…"按钮,打开"草绘"对话框。

2)在图形窗口中选取工件的底面为草绘平面,以"F1(拉伸 1);PRT0001"基准平面作为"右"参照平面。单击"草绘"对话框底部的"草绘"按钮,系统弹出"参照"对话框,在图形窗口中选取"F1(MOLD_RIGHT)"和"F3(MOLD_FRONT)"两个基准面作为草绘参照,如图 4.59 所示。单击"参照"对话框底部的"关闭"按钮,退出对话框,进入草绘模式。

3)单击"草绘器工具"工具栏中的"矩形"█按钮,绘制一个矩形,并标注尺寸,如图 4.60 所示。单击"草绘器工具"工具栏中的█按钮,完成草绘操作,返回"拉伸"操控板。

4)选择深度类型为"默认"█,在其

图　4.59

图　4.61

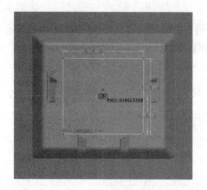

图　4.60

图　4.62

右侧的"深度"文本框中输入深度值"20"，按＜Enter＞键确认，并单击"深度"文本框右侧的✓按钮，改变拉伸方向。单击"拉伸"操控板右侧的✓按钮，完成模具体积块的创建操作。

5）在模型树中用鼠标右键单击"MFG0001_REF"工件，并在弹出的快捷菜单中选择"遮蔽"命令，将工件遮蔽。单击"基础特征"工具栏中的"拔模"🔼按钮，打开"拔模"操控板。

6）按住＜Ctrl＞键，在图形窗口中选取模具体积块的四个侧面作为拔模曲面，如图4.61所示。单击"拔模"操控板中的"参照"按钮，并在弹出的"参照"上滑面板中单击"拔模枢轴"选择框，再在图形窗口中单击模具体积块的上表面作为"拔模枢轴"的参照平面，如图4.62所示。

7）在"拔模"操控板◿右侧的"拔模

角度"文本框中输入角度值"10"，并按＜Enter＞键确认。单击"拔模"操控板右侧的✓按钮，完成模具体积块的拔模操作，如图4.63所示。

图　4.63

8）单击"基础特征"工具栏中的"倒圆角" 按钮，打开"倒圆角"操控板。按住 < Ctrl > 键，在图形窗口中选取图 4.64 所示的边。

图　4.64

9）在"倒圆角"操控板"倒圆角"文本框中输入圆角值"5"，并按 < Enter > 键确认。单击"倒圆角"操控板右侧的 按钮，完成模具体积块的倒圆角操作。

（3）修剪模具体积块

1）单击主菜单中的"编辑"→"修剪"→"参照零件切除"命令，系统将自动从模具体积块中切除参照零件几何。

2）单击主菜单中的"视图"→"可见性"→"着色"命令，着色的模具体积块如图 4.65 所示。

图　4.65

3）单击"MFG 体积块"工具栏中的 按钮，完成分型面的创建操作。此时，系统

将返回模具设计模块主界面。

3. 创建正前方滑块体积块

（1）使用滑块功能创建模具体积块

1）在模型树中用鼠标右键单击"MFG0001_REF"工件，并在弹出的快捷菜单中选择"取消遮蔽"命令，将其显示出来。单击"模具设计"工具栏中的"模具体积块" 按钮，进入模具体积块设计界面。

2）单击"MFG 体积块"工具栏中的"属性" 按钮，打开"属性"对话框，在"名称"文本框中输入分型面的名称"MOLD_VOL_3"，如图 4.66 所示。单击"属性"对话框底部的"确定"按钮，退出对话框。

图　4.66

3）单击主菜单中的"插入"→"滑块"命令，打开"滑块体积块"对话框，取消"拖拉方向"选项组中"使用缺省设置"复选按钮的选中状态。此时，系统弹出菜单管理器要求选取拖拉方向，选取图 4.67 所示的拖拉方向。

图　4.67

4）单击对话框中的"计算底切边界"

按钮，系统将自动进行计算。计算完成后，系统将生成的滑块边界面组放置到"排除"列表中，如图 4.68 所示。

图　4.68

5）按住 < Ctrl > 键，并在"排除"列表中选中"面组 4"和"面组 5"，单击"着色"按钮，打开"着色信息"对话框，着色的边界曲面如图 4.69 所示。单击"着色信息"对话框底部的"确定"按钮，返回"滑块体积块"对话框，单击按钮，将"面组 4"和"面组 5"放置到"包括"列表中。

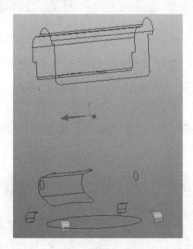

图　4.69

6）单击"投影平面"选项组中的按钮，在图形窗口中选取工件的前面作为投影面，如图 4.70 所示。单击"滑块体积块"对话框底部的"预览"按钮，此时创建的滑块体积块如图 4.71 所示。单击"滑块体积块"对话框底部的按钮，完成创建滑块的操作。

选取此面

图　4.70

图　4.71

（2）着色模具体积块

1）单击主菜单中的"视图"→"可见性"→"着色"命令，着色的模具体积块如图 4.72 所示。

图　4.72

2）单击"MFG 体积块"工具栏中的✓按钮，完成分型面的创建操作。此时，系统将返回模具设计模块主界面。

4. 创建正后方滑块体积块

（1）使用拉伸工具创建模具体积块

1）单击"模具设计"工具栏中的"模具体积块" ▣按钮，进入模具体积块设计界面。

2）单击"MFG 体积块"工具栏中的"属性" ▣按钮，打开"属性"对话框，在"名称"文本框中输入分型面的名称"MOLD_VOL_4"，如图 4.73 所示。单击"属性"对话框底部的"确定"按钮，退出对话框。

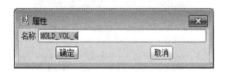

图 4.73

3）单击"基础特征"工具栏中的"拉伸" ▣按钮，打开"拉伸"操控板，单击对话栏中的"放置"按钮，并在弹出的"放置"上滑面板中单击"定义…"按钮，打开"草绘"对话框。

4）在图形窗口中选取工件的顶面作为草绘平面，以"F1（拉伸 1）：PRT0001"基准平面作为"左"参照平面。单击"草绘"对话框底部的"草绘"按钮，系统弹出"参照"对话框，在图形窗口中选取"F2（MAIN_PARTING_PLN）"和"F3（MOLD_FRONT）"两个基准面作为草绘参照平面，如图 4.74 所示。单击"参照"对话框底部的"关闭"按钮，退出对话框，进入草绘模式。

5）单击"草绘器工具"工具栏中的"使用" ▣按钮，系统弹出"类型"对话框，在图形窗口中选取参照零件上的边，如图 4.75 所示。单击"类型"对话框底部的

图 4.74

"关闭"按钮，退出对话框。

图 4.75

6）单击"草绘器工具"工具栏中的"线" ▣按钮，依次连接图 4.75 中的线段，绘制一个多边形，如图 4.76 所示。

图 4.76

7）单击"草绘器工具"工具栏中的"删除段" ▣按钮，删除多余的线段，如图 4.77 所示。单击"草绘器工具"工具栏中的✓按钮，完成草绘操作，返回"拉伸"操控板。

图 4.77

8）选择深度类型为"默认" ，在其右侧的"深度"文本框中输入深度值"74"，按 < Enter > 键确认，并单击"深度"文本框右侧的 按钮，改变拉伸方向。单击"拉伸"操控板右侧的 按钮，完成模具体积块的创建操作，如图 4.78 所示。

图 4.78

（2）修剪模具体积块

1）单击主菜单中的"编辑"→"修剪"→"参照零件切除"命令，系统将自动从模具体积块中切除参照零件几何。

2）单击主菜单中的"视图"→"可见性"→"着色"命令，着色的模具体积块如图 4.79 所示。

图 4.79

3）单击"MFG 体积块"工具栏中的 按钮，完成分型面的创建操作。此时，系统将返回模具设计模块主界面。

4.4.9 分割工件和模具体积块

1. 分割工件

1）单击"模具设计"工具栏中的"体积块分割" 按钮，在弹出的"分割体积块"菜单管理器（见图 4.80）中接受默认选项，单击"完成"命令，打开"分割"对话框。

图 4.80

2）在图形窗口中选取上顶体积块，如图 4.81 所示。单击"选取"对话框中的"确定"按钮，返回"分割"对话框。

图 4.81

3）单击"分割"对话框底部的"确定"按钮，系统弹出"属性"对话框，并加亮显示分割生成的体积块，默认"名称"文本框中体积块的名称，并单击"着色"按钮，着色的体积块如图 4.82 所示。单击"属性"对话框底部的"确定"按钮，系统又弹出一个"属性"对话框，并加亮显示分割生成的另一个体积块，默认"名称"

图 4.82

文本框中体积块的名称，并单击"着色"按钮，着色的体积块如图4.83所示。单击"属性"对话框底部的"确定"按钮，完成分割工件操作。

图　4.83

2. 分割"MOLD_VOL_2"体积块

1）单击"模具设计"工具栏中的"体积块分割" 按钮，在弹出的"分割体积块"菜单中单击"两个体积块"→"模具体积块"→"完成"命令，打开"搜索工具：1"对话框。

2）在该对话框的"找到的项目"列表中选中"F23"面组，并单击 按钮，将其放置到"已选取的项目"列表中，如图4.84所示。单击该对话框底部的"关闭"按钮，打开"分割"对话框。

图　4.84

3）在模型树中用鼠标右键单击"MOLD_

VOL_5"体积块，并在弹出的快捷菜单中选择"遮蔽"命令，将其遮蔽起来。在图形窗口中选取"F14"面组，如图4.85所示。单击"选取"对话框中的"确定"按钮，返回"分割"对话框。

图　4.85

4）单击"分割"对话框底部的"确定"按钮，系统弹出"属性"对话框，并加亮显示分割生成的体积块，默认"名称"文本框中体积块的名称，并单击"着色"按钮，着色的体积块如图4.86所示。

图　4.86

5）单击"属性"对话框底部的"确定"按钮，系统又弹出一个"属性"对话框，并加亮显示分割生成的另一个体积块，默认"名称"文本框中体积块的名称，并单击"着色"按钮，着色的体积块如图4.87所示。单击"属性"对话框底部的"确定"按钮，完成分割"MOLD_VOL_2"体积块操作。

图　4.87

3. 分割"MOLD_VOL_3"体积块

1）单击"模具设计"工具栏中的"体积块分割" 按钮，在弹出的"分割体积块"菜单中单击"两个体积块"→"模具体积块"→"完成"命令，打开"搜索工具：1"对话框。

2）在该对话框的"找到的项目"列表中选中"F25"面组，并单击 按钮，将其放置到"已选取的项目"列表中。单击该对话框底部的"关闭"按钮，打开"分割"对话框。

3）在模型树中用鼠标右键单击"MOLD_VOL_7"体积块，并在弹出的快捷菜单中选择"遮蔽"命令，将其遮蔽起来。在图形窗口中选取"F19"面组，如图 4.88 所示。单击"选取"对话框中的"确定"按钮，返回"分割"对话框。此时，系统弹出"岛列表"菜单管理器。

图　4.88

4）在该菜单管理器中选中"岛 2"和"岛 3"，如图 4.89 所示。单击菜单管理器中的"完成选取"命令，返回"分割"对话框。

图　4.89

5）单击"分割"对话框底部的"确

定"按钮，系统弹出"属性"对话框，并加亮显示分割生成的体积块，默认"名称"文本框中体积块的名称，并单击"着色"按钮，着色的体积块如图 4.90 所示。

图　4.90

6）单击"属性"对话框底部的"确定"按钮，系统又弹出一个"属性"对话框，并加亮显示分割生成的另一个体积块，默认"名称"文本框中体积块的名称，并单击"着色"按钮，着色的体积块如图 4.91 所示。单击"属性"对话框底部的"确定"按钮，完成分割"MOLD_VOL_3"体积块操作。

图　4.91

4. 分割"MOLD_VOL_4"体积块

1）单击"模具设计"工具栏中的"体积块分割" 按钮，在弹出的"分割体积块"菜单中单击"两个体积块"→"模具体积块"→"完成"命令，打开"搜索工具：1"对话框。

2）在该对话框的"找到的项目"列表中选中"F28"面组，并单击 按钮，将其放置到"已选取的项目"列表中。单击该对话框底部的"关闭"按钮，打开"分割"对话框。

3）在模型树中用鼠标右键单击

"MOLD_VOL_10"体积块，并在弹出的快捷菜单中选择"遮蔽"命令，将其遮蔽起来。在图形窗口中选取"F20"面组，如图4.92所示，单击"选取"对话框中的"确定"按钮，返回"分割"对话框。

图 4.92

4）单击"分割"对话框底部的"确定"按钮，系统弹出"属性"对话框，并加亮显示分割生成的体积块，默认"名称"文本框中体积块的名称，并单击"着色"按钮，着色的体积块如图4.93所示。

图 4.93

5）单击"属性"对话框底部的"确定"按钮，系统又弹出一个"属性"对话框，并加亮显示分割生成的另一个体积块，默认"名称"文本框中体积块的名称，并单击"着色"按钮，着色的体积块如图4.94所示。

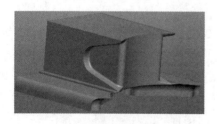

图 4.94

示。单击"属性"对话框底部的"确定"按钮，完成分割"MOLD_VOL_4"体积块操作。

5. 分割剩余体积块

1）在模型树中用鼠标右键单击"拉伸1"分型面，并在弹出的快捷菜单中选择"取消遮蔽"命令，将其显示出来。单击"模具设计"工具栏中的"体积块分割"按钮，在弹出的"分割体积块"菜单中单击"两个体积块"→"模具体积块"→"完成"命令，打开"搜索工具：1"对话框。

2）在该对话框的"找到的项目"列表中选中"F29"面组，并单击按钮，将其放置到"已选取的项目"列表中。单击该对话框底部的"关闭"按钮，打开"分割"对话框。

3）在模型树中用鼠标右键单击"MOLD_VOL_11"体积块，并在弹出的快捷菜单中选择"遮蔽"命令，将其遮蔽起来。在图形窗口中选取"拉伸1"分型面，如图4.95所示，单击"选取"对话框中的"确定"按钮，返回"分割"对话框。

图 4.95

4）单击"分割"对话框底部的"确定"按钮，系统弹出"属性"对话框，并加亮显示分割生成的体积块，默认"名称"文本框中体积块的名称，并单击"着色"按钮，着色的体积块如图4.96所示。

5）单击"属性"对话框底部的"确定"按钮，系统又弹出一个"属性"对话框，并加亮显示分割生成的另一个体积块，

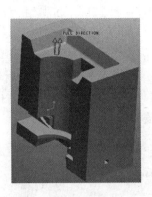

图　4.96

图　4.97

默认"名称"文本框中体积块的名称,并单击"着色"按钮,着色的体积块如图4.97所示。单击"属性"对话框底部的"确定"按钮,完成体积块整体分割操作。

4.4.10　创建模具元件

1)单击右侧"模具"菜单中的"模具元件"→"抽取"命令,系统弹出"创建模具元件"对话框,选中体积块6、8、9、12、13和14,如图4.98所示。

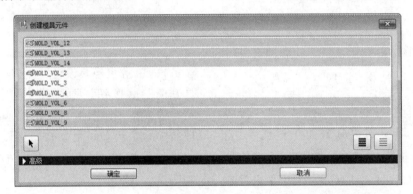

图　4.98

2)单击对话框底部的"确定"按钮,此时,系统将自动将模具体积块抽取为模具元件,并退出对话框。

4.4.11　创建铸件

1)单击右侧"模具"菜单中的"制模"命令,系统弹出"铸模"菜单管理器,如图4.99所示。单击菜单管理器中的"创建"命令,在消息区中的文本框中输入铸件名称"MOLDING",并单击右侧的☑按钮。

2)接受铸件默认的公用名称"MOLD-ING",并单击消息区右侧的☑按钮,完成创建铸件操作。

图　4.99

4.4.12　仿真开模

1. 定义开模步骤

(1)移动"MOLD_VOL_12"元件

1)单击"模具遮蔽对话框"工具栏中

的"遮蔽/取消遮蔽" 按钮，打开"遮蔽-取消遮蔽"对话框。按住 < Ctrl > 键，并在"可见元件"列表中选中"MFG0001_REF"和"PRT0001"元件，如图 4.100 所示。单击"遮蔽"按钮，将其遮蔽。

图 4.100

2）单击"过滤"选项组中的"分型面"按钮，切换到"分型面"过滤类型。单击"选取全部体积块" 按钮，选中所有分型面，如图 4.101 所示，然后单击"遮蔽"按钮，将其遮蔽。

图 4.101

3）单击"过滤"选项组中的"体积块"按钮，切换到"体积块"过滤类型。单击"选取全部体积块" 按钮，选中所有分型面，如图 4.102 所示，然后单击"遮蔽"按钮，将其遮蔽。单击对话框底部的"关闭"按钮，退出对话框。

图 4.102

4）单击"模具设计"工具栏中的"模具开模" 按钮，系统弹出"模具开模"菜单管理器，如图 4.103 所示。单击菜单管理器中的"定义间距"→"定义移动"命令，此时，系统要求用户选取要移动的模具元件。

图 4.103

5）在图形窗口中选取"MOLD_VOL_

12"元件，如图 4.104 所示，并单击"选取"对话框中的"确定"按钮。此时，系统再次弹出"选取"对话框，要求用户选取一条直边、轴或面来定义模具元件移动的方向。

图　4.104

6）在图形窗口中选取图 4.105 所示的面，此时在图形窗口中会出现一个红色箭头，表示移动的方向。

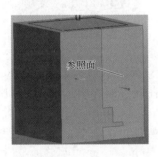

图　4.105

7）在消息区中的文本框中输入数值"80"，单击右侧的☑按钮，返回"定义间距"菜单管理器，并单击"定义间距"菜单管理器中的"完成"命令，返回"模具开模"菜单管理器。此时，"MOLD_VOL_12"元件将向后移动。

（2）移动"MOLD_VOL_9"元件

1）单击"模具开模"菜单中的"定义间距"→"定义移动"命令，在图形窗口中选取"MOLD_VOL_9"元件，如图 4.106 所示，并单击"选取"对话框中的"确定"按钮。

图　4.106

2）在图形窗口中选取图 4.107 所示的面，在消息区中的文本框中输入数值"80"，然后单击右侧的☑按钮，返回"定义间距"菜单。

图　4.107

3）单击"定义间距"菜单中的"完成"命令，返回"模具开模"菜单，此时"MOLD_VOL_9"元件将向前移动。

（3）移动"MOLD_VOL_8"元件

1）单击"模具开模"菜单中的"定义间距"→"定义移动"命令，在图形窗口中选取"MOLD_VOL_8"元件，如图 4.108 所示，并单击"选取"对话框中的"确定"按钮。

图　4.108

2）在图形窗口中选取图 4.109 所示的面，在消息区中的文本框中输入数值"－100"，然后单击右侧的☑按钮，返回"定义间距"菜单。

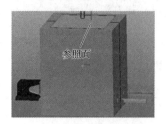

图 4.109

3）单击"定义间距"菜单中的"完成"命令，返回"模具开模"菜单，此时"MOLD_VOL_8"元件将向下移动。

（4）移动"MOLD_VOL_13"元件

1）单击"模具开模"菜单中的"定义间距"→"定义移动"命令，在图形窗口中选取"MOLD_VOL_13"元件，如图4.110所示，并单击"选取"对话框中的"确定"按钮。

图 4.110

2）在图形窗口中选取图4.111所示的面，在消息区中的文本框中输入数值"100"，然后单击右侧的☑按钮，返回"定义间距"菜单。

3）单击"定义间距"菜单中的"完成"命令，返回"模具开模"菜单，此时"MOLD_VOL_13"元件将向右移动。

（5）移动"MOLD_VOL_14"元件

1）单击"模具开模"菜单中的"定义间距"→"定义移动"命令，在图形窗口中

图 4.111

选取"MOLD_VOL_14"元件，如图4.112所示，并单击"选取"对话框中的"确定"按钮。

图 4.112

2）在图形窗口中选取图4.113所示的面，在消息区中的文本框中输入数值"100"，然后单击右侧的☑按钮，返回"定义间距"菜单。

图 4.113

3）单击"定义间距"菜单中的"完成"命令，返回"模具开模"菜单，此时"MOLD_VOL_14"元件将向左移动。

（6）移动"MOLD_VOL_6"元件

1）单击"模具开模"菜单中的"定义

间距"→"定义移动"命令,在图形窗口中选取"MOLD_VOL_6"元件,如图 4.114 所示,并单击"选取"对话框中的"确定"按钮。

图　4.114

2)在图形窗口中选取图 4.115 所示的面,在消息区中的文本框中输入数值"80",然后单击右侧的 ☑ 按钮,返回"定义间距"菜单。

图　4.115

3)单击"定义间距"菜单中的"完成"命令,返回"模具开模"菜单,此时"MOLD_VOL_6"元件将向上移动。

"MOLD_VOL_6"元件是要形成铸件内凹的腔体,因此做成砂芯,此处按铸件成型后开模顺序进行仿真,实际生产中"MOLD_VOL_6"元件是被直接打掉的。

2. 打开模具

1)单击"模具开模"菜单中的"分解"命令,系统弹出"逐步"菜单管理器,如图 4.116 所示。此时,所有的模具元件将回到移动前的位置。

2)单击"逐步"菜单管理器中的"打

图　4.116

开下一个"命令,系统将打开后滑块,如图 4.117 所示。

图　4.117

3)单击"逐步"菜单管理器中的"打开下一个"命令,系统将打开前滑块,如图 4.118 所示。

图　4.118

4)单击"逐步"菜单管理器中的"打开下一个"命令,系统将打开下滑块,如图 4.119 所示。

5)单击"逐步"菜单管理器中的"打开下一个"命令,系统将打开右侧型,如图 4.120 所示。

图　4.119

图　4.120

6）单击"逐步"菜单管理器中的"打开下一个"命令，系统将打开左侧型，如图 4.121 所示。

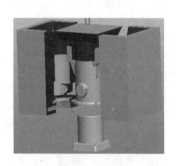

图　4.121

7）单击"逐步"菜单管理器中的"打开下一个"命令，系统将打开上砂芯，如图 4.122 所示。

8）单击"模具开模"菜单中的"完成/返回"命令，返回"模具"菜单，此时，所有的模具元件又回到移动前的位置。

4.4.13　保存模具文件

1）单击"文件"工具栏上的"保存" 🖫 按钮，打开"保存对象"对话框，单击

图　4.122

对话框底部的"确定"按钮，保存模具文件。

2）单击主菜单中的"文件"→"拭除"→"当前"命令，打开"拭除"对话框，单击"选取全部体积块"🖿 按钮，选中所有文件，如图 4.123 所示。单击对话框底部的"确定"按钮，关闭当前文件，并将其从内存中拭除。

图　4.123

4.5　实例操作方法关键点

本章详细介绍了筒体模具设计的过程，通过本章的学习，读者可以掌握通过复制曲面、延伸曲面和创建拉伸曲面来创建分型面的方法，以及使用草绘和滑块功能来直接创建模具体积块的方法。

通过复制曲面的方法创建的分型面，还需要将其边界延伸到工件的边界，这样才能

用于分割操作。使用"延伸"功能，可以快速将分型面的边界延伸到指定的距离或延伸到选定的平面，从而提高设计效率。

在使用滑块功能来创建前、下型芯体积块时，不能使用默认的拖拉方向，而需要重新设置拖拉方向，这样才能正确生成模具体积块。

在创建后滑块体积块时，首先使用拉伸工具来创建模具体积块，然后对其进行修剪，从而快速创建后滑块体积块，提高设计效率。

第5章

砂型铸造模具设计实例

本章重点：
- ➤ 设计芯盒
- ➤ 设计活块
- ➤ 创建模具元件
- ➤ 模具美化

本章介绍的是弹簧筒砂型铸造模具设计实例，其砂型最终效果如图5.1所示。在介绍具体的设计步骤之前，首先对该实例做一些简单分析。

图 5.1

5.1 产品结构分析

5.1.1 产品基本信息

由于产品零件是模具设计的重要依据，所以在设计模具前，首先需要对产品零件进行分析。这样才能设计合理、先进、简单的模具，从而保证产品零件的质量。弹簧筒零件三维模型如图5.2所示，材料为SCSiMn2H（日本牌号，相当于我国的ZG35Mn），壁厚较为均匀，采用砂型铸造成型。

5.1.2 铸件模具设计分析

本实例中的弹簧筒零件结构较为简单，但进行模具设计时既涉及分型面、砂芯，又涉及活块等。该铸件采用砂型铸造，与

图 5.2

金属型铸造模具设计相比，最大区别在于砂型铸造模具设计是先进行铸件的砂型设计，再进行砂型的模具设计。对于该铸件，在设计砂型铸造模具时需要设计芯盒、三段开型和冒口采用活块的设计方法，这样才能顺利造型制芯，浇注后才能顺利落砂脱模。弹簧筒铸件带浇注系统和冒口的砂型三维模型如图5.3所示（软件显示黄颜色为冒口，红颜色为浇注系统，蓝颜色为分型面，绿颜色为砂芯）。

图 5.3

5.2　主要知识点

本实例中的主要知识点如下。

（1）选择分型面　结合铸件结构特征和造型、合型、浇注、脱模等实际情况合理选择分型面。

（2）设计芯盒　铸件砂芯的模具设计应符合芯盒设计原则。

（3）冒口活块设计　由于上型中的浇注系统和冒口拔模方向相反，所以必须设计活块以利于拔模和造型等。

（4）装配参照零件　通过"元件放置"操控板装配参照零件。

（5）创建工件　使用手动创建工件功能来创建工件。

（6）创建模具元件　抽取创建的模具体积块，使其成为实体零件。

（7）设立模具定位装置　通过拉伸、旋转等命令进行模具定位装置设定。

（8）模具美化　通过模具外观库对模具进行外观美化处理。

5.3　设计流程

本实例的设计流程如下。

1）铸件砂型设计

① 设置工作目录。

② 设置配置文件。

③ 新建模具文件。

④ 装配参照模型。

⑤ 设置收缩率。

⑥ 手动创建工件。

⑦ 创建分型面。

⑧ 分割体积块和抽取模具元件。

⑨ 仿真开模。

⑩ 保存模具文件。

2）上砂型模具设计。具体设计流程同铸件砂型设计。

3）中间砂型模具设计。具体设计流程同铸件砂型设计。

4）下砂型模具设计。具体设计流程同铸件砂型设计。

5）芯盒设计。具体设计流程同铸件砂型设计。

6）砂型及砂芯装配。

5.4　设计步骤

5.4.1　铸件砂型设计

1. 设置工作目录

1）单击主菜单中的"文件"→"设置工作目录"命令，打开"选取工作目录"对话框，如图5.4所示。改变目录到"tanhuangtongzhujian.prt"文件所在的目录（如："F:\xuexi\曲阜实习\tanhuangtong\砂型铸造模具设计实例\弹簧筒砂型设计"）。

图　5.4

2）单击该对话框底部的"确定"按钮，即可将"tanhuangtongzhujian.prt"文件所在的目录设置为当前进程中的工作目录。

2. 设置配置文件

1）单击主菜单中的"工具"→"选项"命令，打开"选项"对话框。在该对话框中左上侧单击"显示"编辑框右侧的按钮,并在打开的下拉列表中选择"当前会话"选项,如图 5.5 所示。然后在"选项"文本框中输入"enable_absolute_accuracy",如图 5.6 所示,并按 < Enter > 键确认。

图　5.5

图　5.6

2) 单击"值"编辑框右侧的按钮,并在打开的下拉列表框中选择"yes"选项。单击"添加/更改"按钮,此时"enable_absolute_accuracy"选项和值会出现在"选项"列表中,如图 5.7 所示。

图　5.7

3) 单击"选项"对话框底部的"确定"按钮,退出对话框。此时,系统将启用绝对精度功能,这样在装配参照零件过程中,可以将组件模型的精度值设置为和参照模型的精度相同。

3. 新建模具文件

1) 单击"文件"工具栏中的"新建"按钮,打开"新建"对话框,选中"类型"选项组中的"制造"单选按钮和"子类型"选项组中的"模具型腔"单选按钮,如图 5.8 所示。

2) 在"名称"文本框中输入文件名"tanhuangtongshaxing",取消选中"使用缺省模板"复选按钮。单击对话框底部的"确定"按钮,打开"新文件选项"对话框。

3) 在"新文件选项"对话框中选择"mmns_mfg_mold"模板,如图 5.9 所示。单击对话框底部的"确定"按钮,进入模具设计模块。

图　5.8

图　5.9

4. 装配参照零件

1）单击右侧"模具"菜单中的"模具模型"→"装配"→"参照模型"命令，打开"打开"对话框，并要求用户选取参照零件。

2）在该对话框中系统会自动选中"tanhuangtongzhujian"文件。单击对话框底部的"打开"按钮，打开图 5.10 所示的"元件放置"操控板。

图　5.10

3）单击"元件放置"操控板中的"自动"按钮，选择"缺省"命令（此时弹簧筒铸件颜色变为黄色），然后单击"元件放置"操控面中的☑按钮，完成元件放置操作。此时，系统弹出"创建参照模型"对话框，如图 5.11 所示。

对话框。此时，系统弹出"警告"对话框，如图 5.12 所示。单击该对话框底部的"确定"按钮，接受绝对精度值的设置。此时，装配的参照零件如图 5.13 所示。

图　5.12

图　5.11

图　5.13

4）接受该对话框中默认的设置，并单击对话框底部的"确定"按钮，退出

5）单击"模具模型"菜单中的"完成/返回"命令，返回"模具"菜单。

139

5. 设置收缩率

1）单击"模具设计"工具栏中的"按比例收缩" 按钮，打开"按比例收缩"对话框。此时，系统将自动选择"坐标系"选项中的 按钮，要求用户选取坐标系。

2）在图形窗口中选取"PRT_CSYS_DEF：F1"坐标系，然后在"收缩率"文本框中输入收缩值"0.015000"，如图 5.14 所示。接受其他选项默认的设置，单击对话框底部的 按钮，退出对话框。

> **专家提示：** 用户可以单击右侧"模具"菜单中的"收缩"→"收缩信息"命令，在弹出的信息窗口中查看收缩率，以避免输入错误的收缩率。

图 5.14

6. 手动创建工件

Pro/E 提供的"自动工件"功能，只能创建矩形、圆柱形等形状简单的工件，而对于一些形状比较复杂的工件，则只能手工创建。

1）单击右侧"模具"菜单中的"模具模型"→"创建"→"工件"→"手动"命令，打开"元件创建"对话框，如图 5.15 所示。

2）在该对话框中选择工件的类型，并输入名称。单击对话框底部的"确定"按钮，打开"创建选项"对话框，如图 5.16 所示。在"创建方法"选项组中，选中"创建特征"单选按钮，其他选项接受默认设置。

图 5.15

图 5.16

3）单击该对话框底部的"确定"按钮，退出对话框，系统自动弹出"实体"菜单管理器，如图 5.17 所示，单击菜单中

图 5.17

的"伸出项"→"拉伸/实体/完成"命令，

打开"拉伸"操控板，如图 5.18 所示。

图　5.18

4）单击"拉伸"操控板对话栏中的"放置"按钮，系统弹出"放置"上滑面板，如图 5.19 所示。单击"定义..."按钮，打开"草绘"对话框。

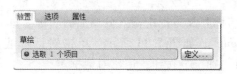

图　5.19

图　5.21

窗口中选取"F2（MAIN_PARTING_PLN）"基准平面作为另一草绘参照平面，并单击对话框底部的"关闭"按钮，退出对话框。

图　5.22

专家提示：用户还可以在图形窗口中单击鼠标右键，系统弹出快捷菜单，如图 5.20 所示。单击快捷菜单中的"定义内部草绘..."命令，则快速打开"草绘"对话框。在模具设计过程中，应该尽量使用系统提供的快捷菜单来快速启动命令，这样可以提高工作效率。

图　5.20

5）在图形窗口中选取"MOLD_FRONT：F3（基准平面）"作为草绘平面，系统将自动选取"MOLD_RIGHT：F1（基准平面）"作为"左"参照平面，如图 5.21 所示。单击对话框底部的"草绘"按钮，进入草绘模式。

6）系统弹出"参照"对话框，如图 5.22 所示。在图形窗口选取"DTM2：F1（外部合并）：TANHUANGTONGSHA XING_REF"基准平面作为一个草绘参照平面，再在图形

7）单击"草绘器工具"工具栏中的"使用"按钮，选中弹簧筒铸件冒口的边缘线，如图 5.23 所示。

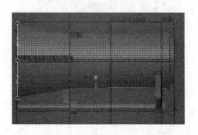

图　5.23

141

8）单击"草绘器工具"工具栏中的"删除段" 按钮，删除上一步选中的黄色边缘线。

9）单击"草绘器工具"工具栏中的"矩形" 按钮，使箭头亮点移动到上一步删除的边缘线所在位置，向上移动箭头，系统会自动锁定其轨迹保持竖直方向。当箭头移动到某一合适位置后，单击鼠标左键，此时所绘制的矩形一角被锁定，向右下方向拉动箭头到某一合适位置，然后单击鼠标左键，绘制一个矩形，并标注尺寸，如图5.24所示。

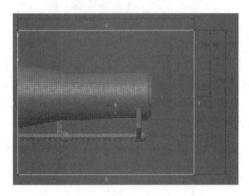

图 5.24

10）单击"草绘器工具"工具栏中的 按钮，完成草绘操作，返回"拉伸"操控板。

11）选择深度类型为"对称" ，在其右侧的"深度"文本框中输入深度值"1100"，并按 < Enter > 键确认。单击"拉伸"操控板右侧的 按钮，完成工件的创建操作。此时，创建的工件如图5.25所示。

图 5.25

单击"特征操作"菜单中的"完成/返回"→"完成/返回"命令，返回"模具"菜单。

7. 创建分型面

（1）创建主分型面——上分型面

1）创建拉伸曲面

① 单击"模具设计"工具栏中的"分型面" 按钮，进入分型面界面。

② 单击"MFG 体积块"工具栏上的"属性" 按钮，打开"属性"对话框。在"名称"文本框中输入分型面的名称"main-shang"，如图5.26所示。单击对话框底部的"确定"按钮，退出对话框。

图 5.26

③ 单击"基础特征"工具栏中的"拉伸" 按钮，打开"拉伸"操控板，单击对话栏中的"放置"按钮，并在弹出的"放置"上滑面板中单击"定义..."按钮，打开"草绘"对话框。

④ 在图形窗口中选取图5.27中黄色线所示的面作为草绘平面，选取红色线所示的面作为"左"参照平面，单击对话框底部的"草绘"按钮，进入草绘模式。

图 5.27

⑤ 系统弹出"参照"对话框，如图5.28所示。在图形窗口选取"DTM2：F1（外部

合并）："TANHUANG TONGSHA XING_REF"基准平面作为一个草绘参照平面，再在图形窗口中选取"F2（MAIN_PARTING_PLN）"基准平面作为另一草绘参照平面。单击对话框底部的"关闭"按钮，退出对话框。

图 5.28

⑥ 单击"草绘器工具"工具栏中的"使用" 📷 按钮，然后单击"菜单"工具栏中的"消隐" 📷 按钮，依次复制图 5.29 所示的 3 条黄色线段。

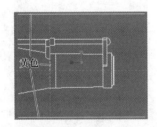

图 5.29

⑦ 单击"草绘器工具"工具栏中的"删除段" 📷 按钮，删除上一步复制的 3 条线段。单击"菜单"工具栏中的"着色" 📷 按钮，切换到实体界面，如图 5.30 所示。

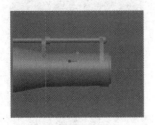

图 5.30

⑧ 单击"草绘器工具"工具栏中的

"线" ＼ 按钮，绘制图 5.31 所示的红色线段（在绘制时由于上一步"使用"命令已用，故在操作时鼠标箭头会自动锁定相应线段）。

图 5.31

⑨ 单击"草绘器工具"工具栏中的 ✔ 按钮，完成草绘操作，返回"拉伸"操控板。选择深度类型为"到选定项" 📷 ，并在图形窗口中选取图 5.32 所示红色线所在的面作为深度参照面。单击操控板右侧的 ✔ 按钮，完成创建拉伸曲面操作。

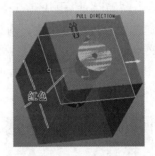

图 5.32

2）着色分型面

① 单击主菜单中的"视图"→"可见性"→"着色"命令，需着色的分型面如图 5.33 所示。

图 5.33

143

② 对分型面进行着色，所着颜色为蓝色，着色后的分型面如图 5.34 所示。单击"MFG 体积块"工具栏中的 ✔ 按钮，完成分型面的创建操作。此时，系统将返回模具设计模块主界面。

图 5.34

（2）创建主分型面——下分型面

1）创建拉伸曲面

① 单击"模具设计"工具栏中的"分型面" 按钮，进入分型面界面。

② 单击"MFG 体积块"工具栏中的"属性" 按钮，打开"属性"对话框，在"名称"文本框中输入分型面的名称"main-xia"，如图 5.35 所示。单击对话框底部的"确定"按钮，退出对话框。

图 5.35 "属性"对话框

③ 单击"基础特征"工具栏中的"拉伸" 按钮，打开"拉伸"操控板，单击对话栏中的"放置"按钮，并在弹出的"放置"上滑面板中单击"定义..."按钮，打开"草绘"对话框。

④ 在图形窗口中选取图 5.36 中黄色线所示的面作为草绘平面，选取红色线所示的面为"左"参照平面。单击对话框底部的"草绘"按钮，进入草绘模式。

⑤ 系统弹出"参照"对话框。在图形

图 5.36

窗口选取"DTM2：F1（外部合并）：TAN-HUANGTONGSHAXING_REF"基准平面作为一个草绘参照平面，再在图形窗口中选取"F2（MAIN_PARTING_PLN）"基准平面作为另一个草绘参照平面，如图 5.37 所示。单击对话框底部的"关闭"按钮，退出对话框。

图 5.37

⑥ 单击"草绘器工具"工具栏中的"使用" 按钮，然后单击"菜单"工具栏中的"消隐" 按钮，依次复制图 5.38 所示的 3 条黄色线段。

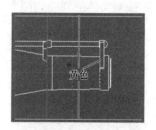

图 5.38

⑦ 单击"草绘器工具"工具栏中的

"删除段"![按钮]按钮，删除上一步复制的 3 条线段。单击"菜单"工具栏中的"着色"![按钮]按钮，切换到实体界面，如图 5.39 所示。

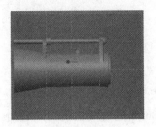

图　5.39

⑧ 单击"草绘器工具"工具栏中的"线"![按钮]按钮，绘制图 5.40 所示的红色线段（在绘制时由于上一步"使用"命令已用，故在操作时鼠标箭头会自动锁定相应线段）。

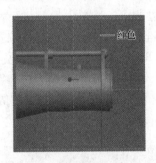

图　5.40

⑨ 单击"草绘器工具"工具栏中的![按钮]按钮，完成草绘操作，返回"拉伸"操控板。选择深度类型为"到选定项"![按钮]，并在图形窗口中选取红线所在的面为深度参照面，如图 5.41 所示。单击操控板右侧的![按钮]

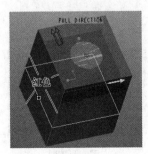

图　5.41

按钮，完成创建拉伸曲面操作。

2）着色分型面

① 单击主菜单中的"视图"→"可见性"→"着色"命令，需着色的分型面如图 5.42 所示。

图　5.42

② 对分型面进行着色，所着颜色为蓝色，着色后的分型面如图 5.43 所示。单击"MFG 体积块"工具栏中的![按钮]按钮，完成分型面的创建操作。此时，系统将返回模具设计模块主界面。

图　5.43

（3）创建砂芯分型面

1）复制曲面

① 单击"模具设计"工具栏上的"分型面"![按钮]按钮，进入分型面界面。

② 单击"MFG 体积块"工具栏中的"属性"![按钮]按钮，打开"属性"对话框，在"名称"文本框中输入分型面的名称"shaxin – fenxingmian"，如图 5.44 所示。单击对话框底部的"确定"按钮，退出对话框。

③ 单击状态栏中的"过滤器"下拉列

图　5.44

表框，并在打开的列表中选择"几何"选
项，将其设置为当前过滤器。

④ 在模型树中用鼠标右键单击
"PRT0001. PRT"工件，并在弹出的快捷菜
单中选择"遮蔽"命令，将其遮蔽。

⑤ 在模型树中用鼠标右键分别单击
"拉伸 1〔MAIN. SHANG. 分型面〕"和"拉
伸 1〔MAIN. XIA. 分型面〕"，并在弹出的快
捷菜单中选择"遮蔽"命令，分别将其
遮蔽。

专家提示：本步骤主要是为了便于
选取参照零件上的表面，从而将工件和
分型面暂时隐藏。用户还可以将基准平
面、基准轴、基准点、坐标系隐藏，以
使窗口显示得更加清楚。

⑥ 旋转参照零件至图 5.45 所示位置，
并在图形窗口中选取弹簧筒铸件内表面中的
某一面为种子面，此时被选中的表面呈红
色，如图 5.45 所示。将鼠标箭头放于所选
种子面上，单击鼠标右键，选择"从列表
中拾取"命令，弹出"从列表中拾取"对
话框，选择系统默认值，如图 5.46 所示。
单击"从列表中拾取"对话框中的"确定"
按钮，退出对话框。

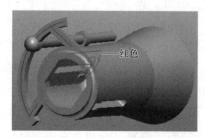

图　5.45

图　5.46

⑦ 按住 <Shift> 键，此时除了上一步选
择的种子面颜色由红色变为灰色外，其余面
均由灰色变为红色。一直按住 <Shift> 键不
放，在图形窗口中选取灰色面为第一组边界
面，如图 5.47 所示。松开 <Shift> 键，适
当旋转参照零件位置，然后按住 <Shift> 键
不放，并选取灰色面（第二次所选择的灰
色面不包括第一次所选择的灰色面）作为
第二组边界面，如图 5.48 所示。松开
<Shift> 键，适当旋转参照零件位置，然后
按住 <Shift> 键不放，并选取灰色面（第三
次所选择的灰色面不包括第一次和第二次所
选择的灰色面）作为第三组边界面，如
图 5.49 所示。

图　5.47

图　5.48

图　5.49

⑧ 松开 < Shift > 键，完成种子面和边界曲面集的定义。此时，系统将构建一个种子面和边界曲面集，并自动选取图 5.50 所示的表面（所选中的曲面将显示为红颜色）。

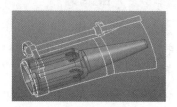

图　5.50

专家提示：选取边界面后，系统将加亮显示选中的曲面，但不会加亮显示边界面，而按住 < Shift > 键时，系统则加亮显示边界面。

⑨ 单击"编辑"工具栏中的"复制"📋按钮，然后单击"编辑"工具栏中的"粘贴"📋按钮。单击操控板右侧的✓按钮，完成复制曲面操作。

2）创建拉伸曲面

① 在模型树中用鼠标右键单击"PRT0001. PRT"工件，并在弹出的快捷菜单中选择"取消遮蔽"命令，将其显示出来。

② 单击"基础特征"工具栏中的"拉伸"🗗按钮，打开"拉伸"操控板。

③ 单击右侧工具栏中的"平面"▱按钮，打开"基准平面"对话框，在图形窗口选取基准平面的参照平面，如图 5.51 所示。在"基准平面"对话框中的"平移"

文本框中输入"150.00"，如图 5.52 所示。单击对话框底部的"确定"按钮，退出对话框。此时，创建了"ADTM1"平面。

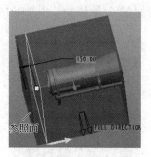

图　5.51

图　5.52

④ 单击"拉伸"操控板右侧的▶按钮，退出暂停模式，继续使用此工具。单击"拉伸"操控板对话栏中的"放置"按钮，并在弹出的"放置"上滑面板中单击"定义…"按钮，打开"草绘"对话框。

⑤ 在模型树中选取"ADTM1：F10（基准平面）"平面作为草绘平面，系统将自动选取某一平面作为"反向"参照平面，如图 5.53 所示。单击对话框底部的"草

图　5.53

绘"按钮，进入草绘模式。

⑥ 单击"草绘器工具"工具栏中的"使用" ⬚· 按钮，然后依次复制弹簧筒铸件底部内表面的 4 条边框，复制后如图 5.54 所示。

图　5.54

⑦ 单击"草绘器工具"工具栏中的 ✔ 按钮，完成草绘操作，返回"拉伸"操控板。选择深度类型为"到选定项" ⬒，并在图形窗口中选取红色线所在的面为深度参照面，如图 5.55 所示。单击"拉伸"操控

板上的"选项"按钮，在弹出的对话框中选中"封闭端"复选按钮。单击"拉伸"操控板右侧的 ✔ 按钮，完成创建拉伸曲面操作。

红色

图　5.55

3）第一次合并曲面

① 按住 < Ctrl > 键，并在模型树中选中"复制 1"特征。单击"编辑特征"工具栏中的"合并" ⬚ 按钮，打开"合并"操控板，如图 5.56 所示。单击对话栏中的"参照"按钮，打开"参照"上滑面板。

图　5.56

② 在该上滑面板的"面组"收集器中选中"面组：F10（PART_SURF_1）"，单击"置顶" 🔝 按钮，使"面组：F10（PART_SURF_1）"位于收集器顶部，成为主面组，如图 5.57 所示。

图　5.57

③ 单击"合并"操控板右侧的 ✔ 按钮，完成合并曲面操作。

专家提示：①合并曲面时，必须将第 1 个曲面特征"复制 1"作为主面组，第 2 个曲面特征"复制 2"只能作为次面组，否则，在退出分型面设计界面后，不能重定义分型面。②在 Pro/E 中，系统会将先选取的曲面特征作为主面组，后选取的曲面特征作为附加面组。所以用户还可以先选取"复制 1"特征，然后选取"复制 2"特征，这时系统会自动将"面组：F11"作为主面组。

4）填充曲面

① 单击主菜单中的"编辑"→"填充"命令，打开"填充"操控板，单击对话栏中的"参照"按钮，并在弹出的"参照"

上滑面板中单击"定义…"按钮，打开"草绘"对话框。

② 在图形窗口中选取黄色线所在的面为草绘平面，如图 5.58 所示，选择系统默认模式。单击对话框底部的"草绘"按钮，进入草绘模式。

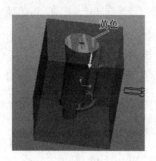

图　5.58

③ 系统弹出"参照"对话框。在图形窗口选取"FRONT：F1（外部合并）TAN-HUANGTONGSHAXING_REF"基准平面作为一个草绘参照平面，再在图形窗口中选取"F2（MAIN_PARTING_PLN）"基准平面作为另一个草绘参照平面，如图 5.59 所示。单击对话框底部的"关闭"按钮，退出对话框。

图　5.59

④ 单击"草绘器工具"工具栏中的"使用" □▸ 按钮，在图形窗口中选中黄色线所在的环，如图 5.60 所示。

⑤ 单击"草绘器工具"工具栏中的 ✔ 按钮，完成草绘操作，返回"填充"操控板。

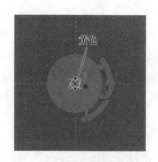

图　5.60

单击"填充"操控板右侧的 ✔ 按钮，完成创建平整曲面操作。此时，在模型树中系统会自动选中"填充 1"特征。

5）第二次合并曲面

① 按住 <Ctrl> 键，并在模型树中选中"合并 1"特征。单击"编辑特征"工具栏中的"合并" ⚙ 按钮，打开"合并"操控板，单击对话栏中的"参照"按钮，打开"参照"上滑面板。

② 在该上滑面板的"面组"收集器中选中"面组：F10（PART_SURF_1）"，单击"置顶" 🔝 按钮，使"面组：F10（PART_SURF_1）"位于收集器顶部，成为主面组。

③ 单击"合并"操控板右侧的 ✔ 按钮，完成合并曲面操作。

6）第一次边界混合

① 按住 <Ctrl> 键，在图形窗口中选中图 5.61 所示的两条红色线。单击"基础特征"工具栏中的"边界混合" ⟗ 按钮，打开"边界混合"操控板，系统自动连接两条红色线构成一个曲面。

图　5.61

② 单击"边界混合"操控板右侧的 ✓ 按钮，完成边界混合操作。此时，在模型树中系统会自动选中"边界混合1"特征。

7）第三次合并曲面

① 按住 <Ctrl> 键，在模型树中选中"合并2"特征。单击"编辑特征"工具栏中的"合并" ⟳ 按钮，打开"合并"操控板，单击对话栏中的"参照"按钮，打开"参照"上滑面板。

② 在该上滑面板的"面组"收集器中选中"面组：F10（PART_SURF_1）"，单击"置顶" ☰ 按钮，使"面组：F10（PART_SURF_1）"位于收集器顶部，成为主面组。

③ 单击"合并"操控板右侧的 ✓ 按钮，完成合并曲面操作。

8）第二次边界混合

① 按住 <Ctrl> 键，在图形窗口中选中图 5.62 所示的两条红色线。单击"基础特征"工具栏中的"边界混合" ⟐ 按钮，打开"边界混合"操控板，系统自动连接两条红色线构成一个曲面。

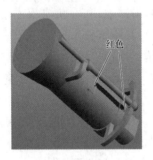

图　5.62

② 单击"边界混合"操控板右侧的 ✓ 按钮，完成边界混合操作。此时，在模型树中系统会自动选中"边界混合2"特征。

9）第四次合并曲面

① 按住 <Ctrl> 键，在模型树中选中"合并3"特征。单击"编辑特征"工具栏中的"合并" ⟳ 按钮，打开"合并"操控板，单击对话栏中的"参照"按钮，打开"参照"上滑面板。

② 在该上滑面板的"面组"收集器中选中"面组：F10（PART_SURF_1）"，单击 ☰ 按钮，使"面组：F10（PART_SURF_1）"位于收集器顶部，成为主面组。

③ 单击"合并"操控板右侧的 ✓ 按钮，完成合并曲面操作。

10）第三次边界混合

① 按住 <Ctrl> 键，在图形窗口中选中图 5.63 所示的两条红色线。单击"基础特征"工具栏中的"边界混合" ⟐ 按钮，打开"边界混合"操控板，系统自动连接两条红色线构成一个曲面。

图　5.63

② 单击"边界混合"操控板右侧的 ✓ 按钮，完成边界混合操作。此时，在模型树中系统会自动选中"边界混合3"特征。

11）第五次合并曲面

① 按住 <Ctrl> 键，在模型树中选中"合并4"特征。单击"编辑特征"工具栏中的"合并" ✓ 按钮，打开"合并"操控板，单击对话栏中的"参照"按钮，打开"参照"上滑面板。

② 在该上滑面板的"面组"收集器中选中"面组：F10（PART_SURF_1）"，单击 ☰ 按钮，使"面组：F10（PART_SURF_1）"位于收集器顶部，成为主面组。

③ 单击"合并"操控板右侧的 ☰ 按钮，完成合并曲面操作。

12）第四次边界混合

① 按住 < Ctrl > 键，在图形窗口中选中图 5.64 所示的两条红色线。单击"基础特征"工具栏中的"边界混合" 按钮，打开"边界混合"操控板，系统自动连接两条红色线构成一个曲面。

图　5.64

② 单击"边界混合"操控板右侧的 按钮，完成边界混合操作。此时，在模型树中系统会自动选中"边界混合 4"特征。

13）第六次合并曲面

① 按住 < Ctrl > 键，在模型树中选中"合并 5"特征。单击"编辑特征"工具栏中的"合并" 按钮，打开"合并"操控板，单击对话栏中的"参照"按钮，打开"参照"上滑面板。

② 在该上滑面板的"面组"收集器中选中"面组：F10（PART_SURF_1）"，单击"置顶" 按钮，使"面组：F10（PART_SURF_1）"位于收集器顶部，成为主面组。

③ 单击"合并"操控板右侧的 按钮，完成合并曲面操作。

14）第五次边界混合

① 按住 < Ctrl > 键，在图形窗口中选中图 5.65 所示的两条红色线。单击"基础特征"工具栏中的"边界混合" 按钮，打开"边界混合"操控板，系统自动连接两条红色线构成一个曲面。

② 单击"边界混合"操控板右侧的

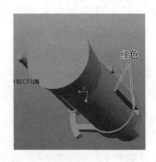

图　5.65

按钮，完成边界混合操作。此时，在模型树中系统会自动选中"边界混合 5"特征。

15）第七次合并曲面

① 按住 < Ctrl > 键，在模型树中选中"合并 6"特征。单击"编辑特征"工具栏中的"合并" 按钮，打开"合并"操控板，单击对话栏中的"参照"按钮，打开"参照"上滑面板。

② 在该上滑面板的"面组"收集器中选中"面组：F10（PART_SURF_1）"，单击"置顶" 按钮，使"面组：F10（PART_SURF_1）"位于收集器顶部，成为主面组。

③ 单击"合并"操控板右侧的 按钮，完成合并曲面操作。

16）第六次边界混合

① 按住 < Ctrl > 键，在图形窗口中选中图 5.66 所示的两条红色线。单击"基础特征"工具栏中的"边界混合" 按钮，打开"边界混合"操控板，系统自动连接两条红色线构成一个曲面。

图　5.66

② 单击"边界混合"操控板右侧的✓按钮，完成边界混合操作。此时，在模型树中系统会自动选中"边界混合 6"特征。

17）第八次合并曲面

① 按住 < Ctrl > 键，在模型树中选中"合并 7"特征。单击"编辑特征"工具栏中的"合并"按钮，打开"合并"操控板，单击对话栏中的"参照"按钮，打开"参照"上滑面板。

② 在该上滑面板的"面组"收集器中选中"面组：F10（PART_SURF_1）"，单击"置顶"按钮，使"面组：F10（PART_SURF_1）"位于收集器顶部，成为主面组。

③ 单击"合并"操控板右侧的✓按钮，完成合并曲面操作。

18）着色分型面

① 单击主菜单中的"视图"→"可见性"→"着色"命令，着色的分型面如图 5.67 所示。

图　5.67

② 单击"MFG 体积块"工具栏中的✓按钮，完成分型面的创建操作。此时，系统将返回模具设计模块主界面。

19）简化模型树中的命令。按住 < Ctrl > 键，在模型树中依次选中"合并 8"→"边界混合 6"→"合并 7"→"边界混合 5"→"合并 6"→"边界混合 4"→"合并 5"→"边界混合 3"→"合并 4"→"边界混合 2"→"合并 3"→"边界混合 1"→"合并 2"→"填充 1"→"合并 1"→"拉伸 3"→"复制 1"，单击右键，从

快捷菜单中选择"组"命令。

8. 分割体积块和抽取模具元件

（1）分割砂芯

1）单击选中模型树中的"PRT0001.PRT"，单击右键选择"取消遮蔽"命令，将其显示出来。

2）按住 < Ctrl > 键，在模型树中依次选中"拉伸 1［MAIN. SHANG. 分型面］"和"拉伸 2［MAIN. XIA. 分型面］"，单击右键选择"取消遮蔽"命令，将其显示出来。

3）单击"模具设计"工具栏中的"体积块分割"按钮，在弹出的"分割体积块"菜单管理器中单击"两个体积块"→"所有工件"→"完成"命令（见图 5.68）打开"分割"对话框。

图　5.68

4）在图形窗口中选取红色分型面，如图 5.69 所示，单击"选取"对话框中的"确定"按钮，返回"分割"对话框。

图　5.69

5）单击"分割"对话框中的"确定"按钮，系统自动弹出"属性"对话框，并加亮显示分割生成的体积块。在"名称"文本框中输入体积块的名称"waixing_1"，单击"属性"对话框底部的"确定"按钮，系统自动弹出另一个"属性"对话框，并加亮显示分割生成的砂芯体积块。在"名

称"文本框中输入体积块的名称为"shax-in",单击"属性"对话框底部的"确定"按钮。

（2）第一次抽取模具元件　单击菜单管理器中的"模具元件"→"抽取"命令,系统自动弹出"创建模具元件"对话框,单击对话框中的"选取全部体积块"  按钮。单击该对话框底部的"确定"按钮,此时,系统自动将模具体积块抽取为模具元件,并退出对话框。

（3）分割上砂型

1）按住 < Ctrl > 键,在模型树中依次选中"PRT0001.PRT"和"组 LOCAL_GROUP",单击右键选择"隐藏"命令,将其隐藏。

2）单击"模具设计"工具栏中的"体积块分割"按钮,在弹出的"分割体积块"菜单管理器中单击"两个体积块"→"选择元件"→"完成"命令,如图 5.70 所示,打开"选取"对话框。

图　5.70

3）在模型树窗口中选取"WAIXING_1.PRT",单击对话框中的"确定"按钮,系统自动弹出"分割"对话框。在图形窗口中选取红色分型面,如图 5.71 所示,单击"选取"对话框中的"确定"按钮,返回"分割"对话框。

图　5.71

4）单击"分割"对话框中的"确定"按钮,系统自动弹出"属性"对话框,并加亮显示分割生成的上砂型体积块。在"名称"文本框中输入体积块的名称"shangshaxing",单击"属性"对话框底部的"确定"按钮,系统自动弹出另一个"属性"对话框,并加亮显示分割生成的外形体积块。在"名称"文本框中输入体积块的名称"waixing_2",单击"属性"对话框底部的"确定"按钮。

（4）第二次抽取模具元件　单击菜单管理器中的"模具元件"→"抽取"命令,系统自动弹出"创建模具元件"对话框,单击对话框中的"选取全部体积块"  按钮。单击该对话框底部的"确定"按钮,此时,系统自动将模具体积块抽取为模具元件,并退出对话框。

（5）分割下砂型

1）在模型树中选中"WAIXING_1.PRT",单击右键选择"隐藏"命令,将其隐藏。

2）单击"模具设计"工具栏中的"体积块分割"按钮,在弹出的"分割体积块"菜单管理器中单击"两个体积块"→"选择元件"→"完成"命令,如图 5.72 所示,打开"选取"对话框。

图　5.72

3）在模型树口中选取"WAIXING_2.PRT",单击对话框中的"确定"按钮,系统自动弹出"分割"对话框,在图形窗口中选取红色分型面,如图 5.73 所示。单击"选取"对话框中的"确定"按钮,返回"分割"对话框。

4）单击"分割"对话框中的"确定"按钮,系统自动弹出"属性"对话框,并

图　5.73

加亮显示分割生成的下砂型体积块。在
"名称"文本框中输入体积块的名称为
"xiashaxing"，单击"属性"对话框底部的
"确定"按钮，系统自动弹出另一个"属
性"对话框，并加亮显示分割生成的中砂
型体积块。在"名称"文本框中输入体积
块的名称为"zhongshaxing"，单击"属性"
对话框底部的"确定"按钮。

（6）第三次抽取模具元件

1）单击菜单管理器中的"模具元件"→
"抽取"命令，系统自动弹出"创建模具元
件"对话框，单击对话框中的"选取全部
体积块" ▤ 按钮。单击该对话框底部的
"确定"按钮，此时，系统自动将模具体积
块抽取为模具元件，并退出对话框。

2）按住＜Ctrl＞键，在模型树中选取
"TANHUANGTONGSHAXING _REF. PRT"→
"WAIXING _2. PRT"→"拉伸 1 ［MAIN.
SHANG. 分型面］"→"拉伸 2 ［MAIN. XIA.
分型面］"，单击右键，从快捷菜单中选择
"隐藏"命令，将其隐藏。

9. 改变砂型模具外观

（1）改变上砂型外观

1）在图形窗口中选取"SHANGSHAX-
ING. PRT"，单击右键，从快捷菜单中选择
"打开"命令。

2）单击主菜单中的"外观库" ◉ 按
钮，对其进行外观修饰，如图 5.74 所示。

图　5.74

（2）改变中砂型外观

1）在图形窗口中选取"ZHONGSHAX-
ING. PRT"，单击右键，从快捷菜单中选择
"打开"命令。

2）单击主菜单中的"外观库" ◉ 按
钮，对其进行外观修饰，如图 5.75 所示。

图　5.75

（3）改变下砂型外观

1）在图形窗口中选取"XIASHAXING.
PRT"，单击右键，从快捷菜单中选择"打
开"命令。

2）单击主菜单中的"外观库" ◉ 按
钮，对其进行外观修饰，如图 5.76 所示。

图　5.76

（4）改变砂芯外观

1）在图形窗口中选取"SHAXIN.PRT"，单击右键，从快捷菜单中选择"打开"命令。

2）单击主菜单中的"外观库" ● 按钮，对其进行外观修饰，如图 5.77 所示。

图 5.77

10. 仿真开模

（1）定义开模步骤

1）移动"SHANGSHAXING.PRT"元件。

① 单击"模具设计"工具栏中的"模具开模" ⬛ 按钮，系统自动弹出"模具开模"菜单管理器，如图 5.78 所示。单击该菜单管理器中的"定义间距"→"定义移动"命令，此时，系统要求用户选取要移动的模具元件。

② 在模型树中选取"SHANGSHAXING.PRT"元件，并单击"选取"对话框中的"确定"按钮。此时，系统再次弹出"选取"对话框，要求用户选取一条直边、轴或面来确定模具元件移动方向，如图 5.79 所示（红色箭头表示移动的方向）。

图 5.78

③ 在"消息"区中的文本框中输入数值"450"，单击右侧的 ✔ 按钮，返回"定义间距"菜单。

2）移动"XIASHAXING.PRT"元件。

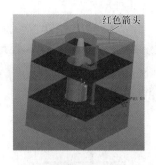

图 5.79

① 单击"模具设计"工具栏中的"模具开模" ⬛ 按钮，系统自动弹出"模具开模"菜单管理器，如图 5.80 所示。单击该菜单管理器中的"定义间距"→"定义移动"命令，此时，系统要求用户选取要移动的模具元件。

② 在模型树中选取"XIASHAXING.PRT"元件，并单击"选取"对话框中的"确定"按钮。此时，系统再次弹出"选取"对话框，要求用户选取一条直边、轴或面来确定模具元件移动方向，如图 5.81 所示（红色箭头表示移动的方向）。

图 5.80

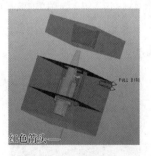

图 5.81

③ 在"消息"区中的文本框中输入数值"400"，单击右侧的 ✔ 按钮，返回"定义间距"菜单。

（2）打开砂型

1）单击"模具"菜单中的"分解"命令，系统弹出"逐步"菜单管理器，如图 5.82 所示。此时，所有的模具元件将回到移动前的位置。

图　5.82

2）单击"逐步"菜单管理器中的"打开下一个"命令，系统将打开上砂型，如图 5.83 所示。

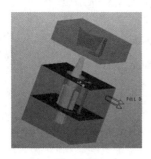

图　5.83

3）单击"逐步"菜单管理器中的"打开下一个"命令，系统将打开下砂型，如图 5.84 所示。

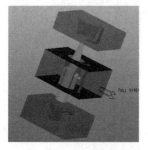

图　5.84

4）单击"模具开模"菜单管理器中的

"完成/返回"命令，返回"模具"菜单。此时，所有的模具元件又将回到移动前的位置。

11. 保存模具文件

1）单击"文件"工具栏中的"保存"按钮，打开"保存对象"对话框。单击对话框底部的"确定"按钮，保存模具文件。

2）单击主菜单中的"文件"→"拭除"→"当前"命令，打开"拭除"对话框。单击"选取全部体积块"按钮，选中所有文件，如图 5.85 所示。单击对话框底部的"确定"按钮，关闭当前文件，并将其从内存中拭除。

图　5.85

5.4.2　上砂型模具设计

1. 设置工作目录

1）新建文件夹命名为"上砂型模具设计"，其新建的文件夹所在目录为"F：\xuexi\曲阜实习\tanhuangtong\砂型铸造模具设计实例\上砂型模具设计"。

2）在文件夹"弹簧筒砂型设计"中复制文件"shangshaxing. prt. 1"到新建的文件夹"上砂型模具设计"下。

3）单击主菜单中的"文件"→"设置工作目录"命令。打开"选取工作目录"对话框，如图 5.86 所示。改变目录到"shangshaxing. prt. 1"文件所在的目录（如："F：\xuexi\曲阜实习\tanhuangtong\砂型铸造模具设计实例\上砂型模具设计"）。

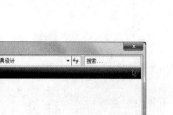

图　5.86

4）单击该对话框底部的"确定"按钮，即可将"shangshaxing. prt. 1"文件所在的目录设置为当前进程中的工作目录。

2. 设置配置文件

1）单击主菜单中的"工具"→"选项"命令，打开"选项"对话框。在对话框中左上侧单击"显示"编辑框右侧的按钮，并在打开的下拉列表中选择"当前会话"选项，然后在"选项"文本框中输入文字"enable_absolute_accuracy"，并按 < Enter > 键确认。

2）单击"值"编辑框右侧的按钮，并在打开的下拉列表框中选择"yes"选项。单击"添加/更改"按钮，此时"enable_absolute_accuracy"选项和值会出现在"选项"列表中。

3）单击"选项"对话框底部的"确定"按钮，退出对话框。此时，系统将启用绝对精度功能，这样在装配参照零件过程中，可以将组件模型的精度值设置为和参照模型的精度相同。

3. 新建模具文件

1）单击"文件"工具栏中的"新建"按钮，打开"新建"对话框，选中"类型"选项组中的"制造"单选按钮和"子类型"选项组中的"模具型腔"单选按钮。

2）在"名称"文本框中输入文件名"shangshaxingmuju"，取消选中"使用缺省模板"复选按钮。单击对话框底部的"确定"按钮，打开"新文件选项"对话框。

3）在"新文件选项"对话框中选择"mmns_mfg_mold"模板，单击对话框底部的"确定"按钮，进入模具设计模块。

4. 装配参照零件

1）单击右侧"模具"菜单中的"模具模型"→"装配"→"参照模型"命令，打开"打开"对话框，并要求用户选取参照零件。

2）在该对话框中系统会自动选中"shangshaxing. prt"文件。单击对话框底部的"打开"按钮，打开"元件放置"操控板，如图 5.87 所示。

图　5.87

3）单击"元件放置"操控板中的按钮，选择"缺省"命令（此时弹簧筒铸件的上砂型颜色变为黄色），然后单击"元件放置"操控板中的按钮，完成元件放置操作。此时，系统弹出"创建参照模型"对话框，如图 5.88 所示。

4）接受该对话框中默认的设置，并单击对话框底部的"确定"按钮，退出对话

157

图 5.88

框。此时, 系统弹出"警告"对话框, 如图5.89所示。单击该对话框底部的"确定"按钮, 接受绝对精度值的设置。此时, 装配的参照零件如图5.90所示。

图 5.89

5) 单击"模具模型"菜单中的"完成/返回"命令, 返回"模具"菜单。

5. 手动创建工件

Pro/E 提供的"自动工件"功能, 只能创建矩形、圆柱形等形状简单的工件, 而对于一些形状比较复杂的工件, 则只能手工创建。

图 5.90

1) 单击右侧"模具"菜单中的"模具模型"→"创建"→"工件"→"手动"命令, 打开"元件创建"对话框。

2) 在该对话框中选择工件的类型, 并输入名称。单击对话框底部的"确定"按钮, 打开"创建选项"对话框。在"创建方法"选项组中, 选中"创建特征"单选按钮, 其他选项接受默认设置。

3) 单击该对话框底部的"确定"按钮, 退出对话框, 系统自动弹出"实体"菜单管理器, 单击菜单中的"伸出项"→"拉伸/实体/完成"命令, 打开"拉伸"操控板, 如图5.91所示。

图 5.91

4) 单击"拉伸"操控板对话栏中的"放置"按钮, 系统弹出"放置"上滑面板。单击"定义..."按钮, 打开"草绘"对话框。

5) 在图形窗口中选取 " MOLD _FRONT: F3 (基准平面) "作为草绘平面, 系统将自动选取"MOLD_RIGHT: F1 (基准平面)"作为"左"参照平面, 如图5.92所示。单击对话框底部的"草绘"按钮, 进入草绘模式。

图 5.92

6）系统弹出"参照"对话框，如图 5.93 所示。在图形窗口选取"F2（MAIN_PARTING_PLN）"基准平面作为一个草绘参照平面，再在图形窗口中选取"F1（MOLD_RIGHT）"基准平面作为另一个草绘参照平面，并单击对话框底部的"关闭"按钮，退出对话框。

图　5.93

7）单击"草绘器工具"工具栏中的"使用" ▢ 按钮，选中上砂型黄色的边缘线，如图 5.94 所示。

图　5.94

8）单击"草绘器工具"工具栏中的"删除段" ✄ 按钮，删除上一步选中的黄色边缘线。

9）单击"草绘器工具"工具栏中的"矩形" ▢ 按钮，绘制一个矩形，其具体尺寸如图 5.95 所示。

10）单击"草绘器工具"工具栏中的 ✔ 按钮，完成草绘操作，返回"拉伸"操控板。

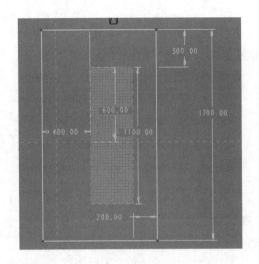

图　5.95

11）选择深度类型为"对称" ⊟ ，在其右侧的"深度"文本框中输入深度值"1700"，并按 < Enter > 键确认。单击"拉伸"操控板右侧的 ✔ 按钮，完成工件的创建操作，如图 5.96 所示。

图　5.96

12）单击"特征操作"菜单中的"完成/返回"→"完成/返回"命令，返回"模具"菜单。

6. 创建分型面

（1）创建主分型面

1）第一次复制曲面

① 单击"模具设计"工具栏中的"分型面" ▢ 按钮，进入分型面界面。

② 单击"MFG 体积块"工具栏中的"属性" ▦ 按钮，打开"属性"对话框，在

"名称"文本框中输入分型面的名称
"main. shang",如图 5.97 所示。单击对话
框底部的"确定"按钮,退出对话框。

图 5.97

③ 在模型树中用鼠标右键单击
"PRT0001. PRT"工件,并在弹出的快捷菜
单中选择"遮蔽"命令,将其遮蔽。

④ 按住 < Ctrl > 键,选择浇注系统和底
面所在的表面,如图 5.98 所示。此时,被
选中的表面呈红色。

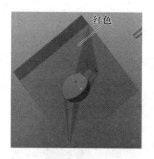

图 5.98

⑤ 单击"编辑"工具栏中的"复制"
按钮,然后单击"编辑"工具栏中的
"粘贴" 按钮,再单击操控板右侧的 按
钮,完成复制曲面操作。

2) 第一次填充曲面

① 单击主菜单中的"编辑"→"填充"
命令,打开"填充"操控板,单击对话栏
中的"参照"按钮,并在弹出的"参照"
上滑面板中单击"定义..."按钮,打开
"草绘"对话框。

② 在图形窗口中选取黄色线所在的面
为草绘平面,如图 5.99 所示,选择系统默
认模式。单击"草绘"对话框底部的"草
绘"按钮,进入草绘模式。

③ 系统弹出"参照"对话框。在图形

图 5.99

窗口选取"F3(MOLD_FRONT)"基准平
面作为一个草绘参照平面,再在图形窗口中
选取"F2(MAIN_PARTING_PLN)"基准
平面作为另一个草绘参照平面,如图 5.100
所示。单击对话框底部的"关闭"按钮,
退出对话框。

图 5.100

④ 单击"草绘器工具"工具栏中的
"使用" 按钮,在图形窗口中选中黄色
线所在的环,如图 5.101 所示。

图 5.101

⑤ 单击"草绘器工具"工具栏中的
按钮,完成草绘操作,返回"填充"

操控板。单击"填充"操控板右侧的✔按钮，完成创建平整曲面操作。此时，在模型树中系统会自动选中"填充 1"特征。

3）第一次合并曲面

① 按住 < Ctrl > 键，在模型树中选中"复制 1"特征。单击"编辑特征"工具栏中的"合并" 按钮，打开"合并"操控板，单击对话栏中的"参照"按钮，打开"参照"上滑面板。

② 在该上滑面板的"面组"收集器中选中"面组：F7（MAIN）"，单击"置顶" 按钮，使"面组：F7（MAIN）"位于收集器顶部，成为主面组，

③ 单击"合并"操控板右侧的✔按钮，完成合并曲面操作。

4）第二次填充曲面

① 单击主菜单中的"编辑"→"填充"命令，打开"填充"操控板，单击对话栏中的"参照"按钮，并在弹出的"参照"上滑面板中单击"定义…"按钮，打开"草绘"对话框。

② 在图形窗口中选取黄色线所在的面为草绘平面，如图 5.102 所示，选择系统默认模式。单击"草绘"对话框底部的"草绘"按钮，进入草绘模式。

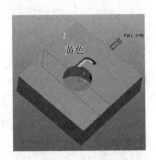

图 5.102

③ 单击"草绘器工具"工具栏中的"使用" 按钮，在图形窗口中选中黄色线所在的环，如图 5.103 所示。

④ 单击"草绘器工具"工具栏中的✔

图 5.103

按钮，完成草绘操作，返回"填充"操控板。单击"填充"操控板右侧的✔按钮，完成创建平整曲面操作。此时，在模型树中系统会自动选中"填充 2"特征。

5）第二次合并曲面

① 按住 < Ctrl > 键，在模型树中选中"合并 1"特征。单击"编辑特征"工具栏中的"合并" 按钮，打开"合并"操控板，单击对话栏中的"参照"按钮，打开"参照"上滑面板。

② 在该上滑面板的"面组"收集器中选中"面组：F7（MAIN）"，单击"置顶" 按钮，使"面组：F7（MAIN）"位于收集器顶部，成为主面组，

③ 单击"合并"操控板右侧的✔按钮，完成合并曲面操作。

6）边界混合

① 按住 < Ctrl > 键，在图形窗口中选中图 5.104 所示的两条红色线。单击"基础特征"工具栏中的"边界混合" 按钮，打开"边界混合"操控板，系统自动连接两

图 5.104

161

条红色线构成一个曲面。

② 单击"边界混合"操控板右侧的☑️按钮，完成边界混合操作。此时，在模型树中系统会自动选中"边界混合 1"特征。

7）第三次合并曲面

① 按住 < Ctrl > 键，在模型树中选中"合并 2"特征。单击"编辑特征"工具栏中的"合并" 🔊按钮，打开"合并"操控板，单击对话栏中的"参照"按钮，打开"参照"上滑面板。

② 在该上滑面板的"面组"收集器中选中"面组：F7（MAIN）"，单击"置顶"🔝按钮，使"面组：F7（MAIN）"位于收集器顶部，成为主面组，

③ 单击"合并"操控板右侧的☑️按钮，完成合并曲面操作。

8）第二次复制曲面

① 按住 < Ctrl > 键，选择图 5.105 所示底面所在的表面，此时被选中的表面呈红色。

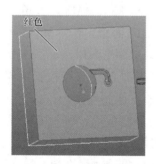

图　5.105

② 单击"编辑"工具栏中的"复制"📋按钮，然后单击"编辑"工具栏中的"粘贴" 📋按钮。单击操控板右侧的☑️按钮，完成复制曲面操作。此时，在模型树中系统会自动选中"复制 2"特征。

9）第四次合并曲面。

① 按住 < Ctrl > 键，在模型树中选中"合并 3"特征。单击"编辑特征"工具栏中的"合并" 🔊按钮，打开"合并"操控

板，单击对话栏中的"参照"按钮，打开"参照"上滑面板。

② 在该上滑面板的"面组"收集器中选中"面组：F7（MAIN）"，单击"置顶"🔝按钮，使"面组：F7（MAIN）"位于收集器顶部，成为主面组，

③ 单击"合并"操控板右侧的☑️按钮，完成合并曲面操作。

10）第一次延伸曲面

① 在模型树中用鼠标右键单击"PRT0001. PRT"工件，并在弹出的快捷键菜单中选择"取消遮蔽"命令，将其显示出来。

② 在图形窗口中选取图 5.106 所示红色的圆弧边，单击主菜单中的"编辑"→"延伸"命令，打开"延伸"操控板。

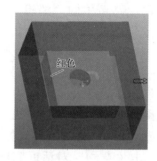

图　5.106

③ 单击"延伸"操控板中的"延伸到面" 📖按钮，选中"延伸到平面"选项。在图形窗口中选取工件的侧面（红色面）作为延伸参照平面，如图 5.107 所示。单击"延伸"操控板的"对勾"按钮，完成第一

图　5.107

次延伸曲面操作。

11）第二次延伸曲面

① 在图形窗口中选取图 5.108 所示红色的圆弧边，单击主菜单中的"编辑"→"延伸"命令，打开"延伸"操控板。

图　5.108

② 单击"延伸"操控板对话栏中的"参照"按钮，并在弹出的上滑面板中单击"细节"按钮，打开"链"对话框，选中"标准"单选按钮。按住 < Ctrl > 键，选择图 5.109 所示的红色线（排除第一步所选择的的线）。

图　5.109

③ 单击"链"对话框底部的"确定"按钮。

④ 单击"延伸"操控板中的"延伸到面" 按钮，选中"延伸到平面"选项。在图形窗口中选取工件的侧面（红色面）作为延伸参照平面，如图 5.110 所示。单击"延伸"操控板的 按钮，完成第二次延伸曲面操作。

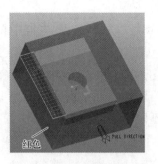

图　5.110

12）第三次延伸曲面

① 在图形窗口中选取图 5.111 所示红色的圆弧边，单击主菜单中的"编辑"→"延伸"命令，打开"延伸"操控板。

图　5.111

② 单击"延伸"操控板对话栏中的"参照"按钮，并在弹出的上滑面板中单击"细节"按钮，打开"链"对话框，选中"标准"单选按钮。按住 < Ctrl > 键，选择图 5.112 所示的红色线（排除第一步所选择的的线）。

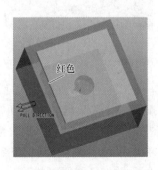

图　5.112

③ 单击"链"对话框底部的"确定"

按钮。

④ 单击"延伸"操控板中的"延伸到面"按钮,选中"延伸到平面"选项。在图形窗口中选取工件的侧面(红色面)作为延伸参照平面,如图 5.113 所示。单击"延伸"操控板的☑按钮,完成第三次延伸曲面操作。

图　5.113

13)第四次延伸曲面

① 在图形窗口中选取图 5.114 所示红色的圆弧边,单击主菜单中的"编辑"→"延伸"命令,打开"延伸"操控板。

图　5.114

② 单击"延伸"操控板对话栏中的"参照"按钮,并在弹出的上滑面板中单击"细节"按钮,打开"链"对话框,选中"标准"单选按钮。按住 < Ctrl > 键,选择图 5.115 所示的红色线段(排除第一步所选择的线)。

③ 单击"链"对话框底部的"确定"

图　5.115

按钮。

④ 单击"延伸"操控板中的"延伸到面"按钮,选中"延伸到平面"选项。在图形窗口中选取工件的侧面(红色面)作为延伸参照平面,如图 5.116 所示。单击"延伸"操控板的"对勾"按钮,完成第四次延伸曲面操作。

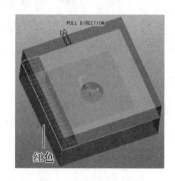

图　5.116

14)第三次填充曲面

① 单击主菜单中的"编辑"→"填充"命令,打开"填充"操控板,单击对话栏中的"参照"按钮,并在弹出的"参照"上滑面板中单击"定义…"按钮,打开"草绘"对话框。

② 在图形窗口中选取图 5.117 所示的黄色线所在的面为草绘平面,选择系统默认模式。单击"草绘"对话框底部的"草绘"按钮,进入草绘模式。

③ 单击"草绘器工具"工具栏中的"使用"按钮,在图形窗口中选中黄色

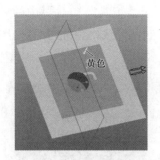

图　5.117

线所在的环, 如图 5.118 所示。

图　5.118

④ 单击 "草绘器工具" 工具栏中的✔按钮, 完成草绘操作, 返回 "填充" 操控板, 单击操控板右侧的✔按钮, 完成创建平整曲面操作。此时, 在模型树中系统会自动选中 "填充 3" 特征

15) 第五次合并曲面。

① 按住 < Ctrl > 键, 在模型树中选中 "延伸 4" 特征。单击 "编辑特征" 工具栏中的 "合并" 📄 按钮, 打开 "合并" 操控板, 单击对话栏中的 "参照" 按钮, 打开 "参照" 上滑面板。

② 在该上滑面板的 "面组" 收集器中选中 "面组: F7 (MAIN)", 单击 "置顶" ⬆ 按钮, 使 "面组: F7 (MAIN)" 位于收集器顶部, 成为主面组,

③ 单击 "合并" 操控板右侧的 ☑ 按钮, 完成合并曲面操作。

16) 着色分型面。

① 单击主菜单中的 "视图" → "可见性" →

"着色" 命令, 着色的分型面如图 5.119 所示。

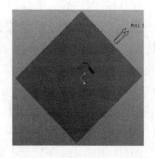

图　5.119

② 单击 "MFG 体积块" 工具栏中的 ✔ 按钮, 完成主分型面的创建操作。此时, 系统将返回模具设计模块主界面。

③ 按住 < Ctrl > 键, 在模型树中用鼠标依次选中 "复制 1" → "填充 1" → "合并 1" → "填充 2" → "合并 2" → "边界混合 1" → "合并 3" → "复制 2" → "合并 4" → "延伸 1" → "延伸 2" → "延伸 3" → "延伸 4" → "填充 3" → "合并 5", 单击右键, 从快捷菜单中选择 "组" 命令。

(2) 创建活块分型面

1) 旋转曲面

① 单击 "模具设计" 工具栏中的 "分型面" 🔲 按钮, 进入分型面界面。

② 单击 "MFG 体积块" 工具栏中的 "属性" 🗂 按钮, 打开 "属性" 对话框, 在 "名称" 文本框中输入分型面的名称 "huokuaifenxingmian", 如图 5.120 所示。单击对话框底部的 "确定" 按钮, 退出对话框。

图　5.120

③ 在模型树中用鼠标右键单击 "PRT0001. PRT" 工件, 并在弹出的快捷菜单中选择 "取消遮蔽" 命令, 将其显现

出来。

④ 单击"基础特征"工具栏中的"旋转" ⚙ 按钮,打开"旋转"操控板,单击对话栏中的"放置"按钮,并在弹出的"放置"上滑面板中单击"定义..."按钮,打开"草绘"对话框。

⑤ 在图形窗口中选取"MOLD_FRONT:F3(基准平面)"作为草绘平面,系统将自动选取"MOLD_RIGHT:F1(基准平面)"作为"右"参照平面,如图 5.121 所示。单击对话框底部的"草绘"按钮,进入草绘模式。

图 5.121

⑥ 单击"草绘器工具"工具栏中的"使用" 🔳 按钮,选中黄色线,如图 5.122 所示。

图 5.122

⑦ 单击"草绘器工具"工具栏中的"删除段" 🔧 按钮,删除上一步选中的黄色线。

⑧ 单击"草绘器工具"工具栏中的"几何中心线" 🔳 按钮,绘制旋转中心轴。

单击"草绘器工具"工具栏中的"线" ＼ 按钮,绘制黄色线作为旋转的边界线,如图 5.123 所示。

图 5.123

⑨ 单击"草绘器工具"工具栏中的 ✔ 按钮,系统自动返回到"旋转"操控板,单击"选项"按钮,在弹出的上滑面板中勾选"封闭端"复选按钮,如图 5.124 所示。

图 5.124

⑩ 单击"旋转"操控板右侧的 ☑ 按钮,系统自动返回到"分型面"界面。

2）拉伸曲面

① 单击"基础特征"工具栏中的"拉伸" 🔳 按钮,打开"拉伸"操控板,单击对话栏中的"放置"按钮,并在弹出的"放置"上滑面板中单击"定义..."按钮,打开"草绘"对话框。

② 在图形窗口中选取黄色线所示的面作为草绘平面,选取红色线段所示的面作为"右"参照平面,如图 5.125 所示。单击"草绘"对话框底部的"草绘"按钮,进入草绘模式。

③ 系统弹出"参照"对话框。在图形窗口选取"F1(MOLD_RIGHT)"基准平面

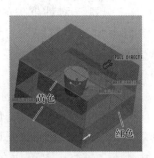

图 5.125

为一个草绘参照平面,再在图形窗口中选取
"F3（MOLD_FRONT）"基准平面为另一个
草绘参照平面,如图 5.126 所示,并单击对
话框底部的"关闭"按钮,退出对话框。

图 5.126

④单击"草绘器工具"工具栏中的
"使用" ⬚ 按钮,选中黄色线,如图 5.127
所示。

图 5.127

⑤单击"草绘器工具"工具栏中的
"删除段" ✂ 按钮,删除上一步选中的黄
色线。

⑥单击"草绘器工具"工具栏中的

"线" ＼ 按钮,绘制黄色线,作为拉伸的边
界线,如图 5.128 所示。

图 5.128

⑦单击"草绘器工具"工具栏中的
✔ 按钮,系统自动返回到"拉伸"操控
板。单击"深度"中的"到选定项" ⬛
按钮,选择红色线所在的面作为深度参考
面,如图 5.129 所示。

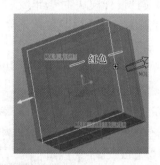

图 5.129

⑧单击对"拉伸"操控板的 ✔ 按钮,
此时,在模型树中系统会自动选中"拉伸
1"特征。

3）合并曲面

①按住 < Ctrl > 键,在模型树中选中
"旋转 1"特征。单击"编辑特征"工具栏
中的"合并" ⬚ 按钮,打开"合并"操控
板,单击对话栏中的"参照"按钮,打开
"参照"上滑面板。

②在该上滑面板的"面组"收集器中
选中"面组:F23（huokuaifenxingmian）",
单击"置顶" ⬛ 按钮,使"面组:F23
（huokuaifenxingmian）"位于收集器顶部,

167

成为主面组。

③ 单击"合并"操控板右侧的 ☑ 按钮，完成合并曲面操作。

4）着色分型面

① 单击主菜单中的"视图"→"可见性"→"着色"命令，着色的分型面如图5.130所示。

图 5.130

② 单击"MFG 体积块"工具栏中的 ☑ 按钮，完成创建活块分型面操作。此时，系统将返回模具设计模块主界面。

7. 分割体积块和抽取模具元件

（1）分割活块

1）单击"模具设计"工具栏中的"体积块分割" ☑ 按钮，在弹出的"分割体积块"菜单管理器中单击"两个体积块"→"所有工件"→"完成"命令，如图5.131所示，打开"分割"对话框。

2）在图形窗口中选取红色分型面，如图5.132所示，单击"选取"对话框中的"确定"按钮，返回"分割"对话框。

图 5.131

图 5.132

3）单击"分割"对话框中的"确定"按钮，系统自动弹出"属性"对话框，并加亮显示分割生成的体积块。在"名称"文本框中输入体积块的名称为"waixing_1"，单击"属性"对话框底部的"确定"按钮，系统自动弹出另一个"属性"对话框，并加亮显示分割生成的砂芯体积块。在"名称"文本框中输入体积块的名称为"waixing_2"，单击"属性"对话框底部的"确定"按钮。

（2）第一次抽取模具元件 单击菜单管理器中的"模具元件"→"抽取"命令，系统自动弹出"创建模具元件"对话框，单击对话框中的"选取全部体积块" ☰ 按钮。单击该对话框底部的"确定"按钮，此时，系统自动将模具体积块抽取为模具元件，并退出对话框。

（3）分割上砂型模具

1）按住 < Ctrl > 键，在模型树中依次选中"PRT0001. PRT"→"旋转 1"→"拉伸 1"→"合并6"，单击右键选择"隐藏"命令，将其隐藏。

2）单击"模具设计"工具栏中的"体积块分割" ☑ 按钮，在弹出的"分割体积块"菜单管理器中单击"两个体积块"→"选择元件"→"完成"命令，如图5.133所示，打开"选取"对话框。

3）在模型树中选取"WAIXING_1. PRT"，单击对话框中的"确定"按钮，

图 5.133

系统自动弹出"分割"对话框。在图形窗口中选取红色分型面，如图5.134所示，单击"选取"对话框中的"确定"按钮，返回"分割"对话框。

4）单击"分割"对话框中的"确定"按钮，系统自动弹出"属性"对话框，并

图 5.134

图 5.135

加亮显示分割生成的上砂型体积块。在"名称"文本框中输入体积块的名称为"shangshaxingmuju",单击"属性"对话框底部的"确定"按钮,系统自动弹出另一个"属性"对话框,并加亮显示分割生成的外形体积块。在"名称"文本框中输入体积块的名称为"waixing_3",单击"属性"对话框底部的"确定"按钮。

(4)第二次抽取模具元件

1)单击菜单管理器中的"模具元件"→"抽取"命令,系统自动弹出"创建模具元件"对话框,单击对话框中的"选取全部体积块"▤按钮。单击该对话框底部的"确定"按钮,此时,系统自动将模具体积块抽取为模具元件,并退出对话框。

2)按住 < Ctrl > 键,在模型树中选取"SHANGSHAXINMUJU _ REF. PRT"→"组LOCAL_ GROUP"→"WAIXING _ 1. PRT"→"WAIXING _3. PRT",单击右键,从快捷菜单中选择"隐藏"命令,将其隐藏。

8. 改变上砂型模具和活块外观

(1)改变上砂型模具外观

1)在图形窗口中选取"SHANGSHAX-INGMUJU. PRT",单击右键,从快捷菜单中选择"打开"命令。

2)单击主菜单中的"外观库"● ▾,对其进行外观修饰,如图 5.135 所示。

(2)改变活块外观

1)在图形窗口中选取"WAIXING _

2. PRT",单击右键,选择"打开"命令。

2)单击"基础特征"工具栏中的"拉伸"按钮,打开"拉伸"操控板,单击对话栏中的"放置"按钮,并在弹出的"放置"上滑面板中单击"定义..."按钮,打开"草绘"对话框。

3)在图形窗口中选取黄线所示的面作为草绘平面,如图 5.136 所示,其余命令选择系统默认值。单击"草绘"对话框底部的"草绘"按钮,进入草绘模式。

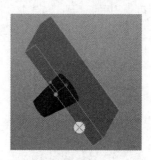

图 5.136

4)系统弹出"参照"对话框。在图形窗口选取"曲面:F1(抽取)"基准平面作为一个草绘参照平面,再在图形窗口中选取"曲面:F1(抽取)"基准平面作为另一个草绘参照平面,如图 5.137 所示。单击"参照"对话框底部的"关闭"按钮,退出对话框。

5)单击"草绘器工具"工具栏中的"使用"按钮,选中黄色线,如图 5.138所示。

图 5.137

图 5.138

6）单击"草绘器工具"工具栏中的✔️按钮，系统自动返回到"拉伸"操控板。单击"深度"中的"到选定项"🔛按钮，选择红色线所在的面作为深度参考面，如图 5.139 所示。

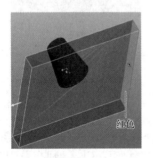

图 5.139

7）单击操控板中的"移除材料" ◢️ 按钮，单击操控板中的✔️按钮。

8）单击主菜单中的"外观库" ●，对活块进行外观修饰，如图 5.140 所示。

9. 仿真开模

（1）定义开模步骤

1）单击"模具设计"工具栏中的"模

图 5.140

具开模" 🔣 按钮，系统自动弹出"模具开模"菜单管理器，如图 5.141 所示。单击菜单管理器中的"定义间距"→"定义移动"命令，此时，系统要求用户选取要移动的模具元件。

图 5.141

2）在模型树中选取"WAIXING_2.PRT"元件，并单击"选取"对话框中的"确定"按钮。此时，系统将再次弹出"选取"对话框，要求用户选取一条直边、轴或面来确定模具元件移动方向，如图 5.142 所示（红色箭头表示移动的方向）。

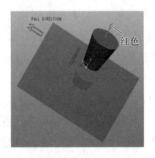

图 5.142

3）在消息区中的文本框中输入数值"400"，单击右侧的✔️按钮，返回"定义间距"菜单。

4）单击菜单管理器中的"完成/返回"命令，开模后的模具自动闭合。

（2）模具开模 单击菜单管理器中的

"模具开模"命令，活块会自动移动，如图 5.143 所示。

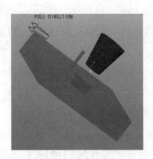

图　5.143

图　5.144

10. 保存模具文件

1）单击"文件"工具栏中的"保存" ▣按钮，打开"保存对象"对话框。单击对话框底部的"确定"按钮，保存模具文件。

2）单击主菜单中的"文件"→"拭除"→"当前"命令，打开"拭除"对话框。单击"选取全部体积块" ▤按钮，选中所有文件，如图 5.144 所示。单击对话框底部的"确定"按钮，关闭当前文件，并将其从内存中拭除。

5.4.3　中间砂型模具设计

1. 设置工作目录

1）新建文件夹命名为"中间砂型模具

设计"，所在目录为"F：\xuexi\曲阜实习\tanhuangtong\砂型铸造模具设计实例\中间砂型模具设计"。

2）在"弹簧筒砂型设计"文件夹中复制文件"zhongjianshaxing. prt. 1"到新建的"中间砂型模具设计"文件夹下。

3）单击主菜单中的"文件"→"设置工作目录"命令，打开"选取工作目录"对话框，如图 5.145 所示。改变目录到"zhongjianshaxing. prt. 1"文件所在的目录（如："F：\xuexi\曲阜实习\tanhuangtong\砂型铸造模具设计实例\中间砂型模具设计"）。

图　5.145

4）单击该对话框底部的"确定"按钮，即可将"zhongjianshaxing. prt. 1"文件所在的目录设置为当前进程中的工作目录。

2. 设置配置文件

1）单击主菜单中的"工具"→"选项"

命令，打开"选项"对话框，在对话框中左上侧单击"显示"编辑框右侧的▾按钮，并在打开的下拉列表中选择"当前会话"选项，然后在"选项"文本框中输入文字"enable_absolute_accuracy"，并按 < Enter >

键确认。

2）单击"值"编辑框右侧的▼按钮，并在打开的下拉列表框中选择"yes"选项。单击"添加/更改"按钮，此时"enable_absolute_accuracy"选项和值会出现在"选项"列表中。

3）单击"选项"对话框底部的"确定"按钮，退出对话框。此时，系统将启用绝对精度功能，这样在装配参照零件过程中，可以将组件模型的精度值设置为和参照模型的精度相同。

3. 新建模具文件

1）单击"文件"工具栏中的"新建"按钮，打开"新建"对话框，选中"类型"选项组中的"制造"单选按钮和"子类型"选项组中的"模具型腔"单选按钮。

图 5.146

3）单击"元件放置"操控板中的"自动"按钮，选择"缺省"命令（此时弹簧筒铸件的上砂型颜色变为黄色），然后单击"元件放置"操控板中的✔按钮，完成元件放置操作。此时系统弹出"创建参照模型"对话框，如图5.147所示。

图 5.147

4）接受该对话框中默认的设置，并单击对话框底部的"确定"按钮，退出对话

2）在"名称"文本框中输入文件名"zhongjianshaxingmuju"，取消选中"使用缺省模板"复选按钮。单击对话框底部的"确定"按钮，打开"新文件选项"对话框。

3）在"新文件选项"对话框中选择"mmns_mfg_mold"模板，单击对话框底部的"确定"按钮，进入模具设计模块。

4. 装配参照零件

1）单击右侧"模具"菜单中的"模具模型"→"装配"→"参照模型"命令，打开"打开"对话框，并要求用户选取参照零件。

2）在该对话框中系统会自动选中"zhongjianshaxing. prt"文件。单击对话框底部的"打开"按钮，打开"元件放置"操控板，如图5.146所示。

框。此时，系统弹出"警告"对话框，如图5.148所示。单击该对话框底部的"确定"按钮，接受绝对精度值的设置。此时，装配的参照零件如图5.149所示。

图 5.148

图 5.149

5）单击"模具模型"菜单中的"完成/返回"命令，返回"模具"菜单。

5. 手动创建工件

1）单击右侧"模具"菜单中的"模具模型"→"创建"→"工件"→"手动"命令，打开"元件创建"对话框。

2）在该对话框中选择工件的类型，并输入名称。单击对话框底部的"确定"按钮，打开"创建选项"对话框。在"创建方法"选项组中，选中"创建特征"单选按钮，其他选项接受默认设置。

3）单击该对话框底部的"确定"按钮，退出对话框，系统自动弹出"实体"菜单管理器，单击菜单中的"伸出项"→"拉伸/实体/完成"命令，打开"拉伸"操控板，如图 5.150 所示。

图　5.150

4）单击"拉伸"操控板对话栏中的"放置"按钮，系统弹出"放置"上滑面板。单击"定义..."按钮，打开"草绘"对话框。

5）在图形窗口中选取"MOLD_FRONT：F3（基准平面）"作为草绘平面，系统将自动选取"MOLD_RIGHT：F1（基准平面）"作为"右"参照平面，如图 5.151 所示。单击对话框底部的"草绘"按钮，进入草绘模式。

图　5.151

6）系统弹出"参照"对话框，如图 5.152 所示。在图形窗口选取"F2（MAIN_PARTING_PLN）"基准平面作为一个草绘参照平面，再在图形窗口中选取"F1（MOLD_RIGHT）"基准平面作为另一个草绘参照平面，并单击对话框底部的"关闭"按钮，退出对话框。

图　5.152

7）单击"草绘器工具"工具栏中的"使用"按钮，选中上砂型的黄色边缘线，如图 5.153 所示。

8）单击"草绘器工具"工具栏中的"删除段"按钮，删除上一步选中的黄色边缘线。

9）单击"草绘器工具"工具栏中的"矩形"按钮，绘制一个矩形，其具体尺寸如图 5.154 所示。

10）单击"草绘器工具"工具栏中的对勾按钮，完成草绘操作，返回"拉伸"操控板。

11）选择深度类型为"对称"，在其右侧的"深度"文本框中输入深度值"1700"，并按<Enter>键确认。单击"拉伸"操控板右侧的按钮，完成工件的创建操作，如图 5.155 所示。

173

黄色

图　5.153

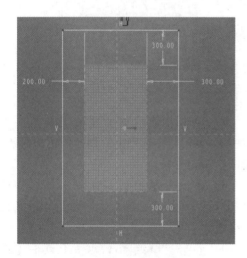

图　5.154

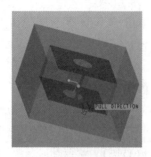

图　5.155

12）单击"特征操作"菜单中的"完成/返回"→"完成/返回"命令，返回"模具"界面。

6. 创建分型面

（1）创建主分型面

1）复制曲面

① 单击"模具设计"工具栏中的"分型面"按钮，进入分型面界面。

② 单击"MFG体积块"工具栏中的"属性"按钮，打开"属性"对话框，在"名称"文本框中输入分型面的名称"main.zhongjian"，如图5.156所示。单击对话框底部的"确定"按钮，退出对话框。

图　5.156

③ 在模型树中用鼠标右键单击"PRT0001.PRT"工件，并在弹出的快捷菜单中选择"遮蔽"命令，将其遮蔽。

④ 按住＜Ctrl＞键，选择浇注系统和底面所在的表面，如图5.157所示，此时被选中的表面呈红色。

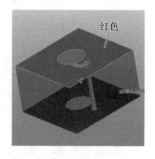

红色

图　5.157

⑤ 单击"编辑"工具栏中的"复制"按钮，然后单击"编辑"工具栏中的"粘贴"按钮，单击操控板右侧的按钮，完成复制曲面操作。

2）填充曲面

① 单击主菜单中的"编辑"→"填充"命令，打开"填充"操控板，单击对话栏中的"参照"按钮，并在弹出的"参照"上滑面板中单击"定义…"按钮，打开"草绘"对话框。

② 在图形窗口中选取黄色线所在的面为草绘平面，如图 5.158 所示，选择系统默认模式。单击对话框底部的"草绘"按钮，进入草绘模式。

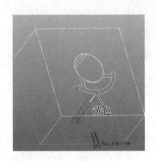

图　5.158

③ 系统弹出"参照"对话框。在图形窗口选取"F3（MOLD_FRONT）"基准平面作为一个草绘参照平面，再在图形窗口中选取"F2（MAIN_PARTING_PLN）"基准平面作为另一个草绘参照平面，如图 5.159 所示。单击对话框底部的"关闭"按钮，退出对话框。

图　5.159

④ 单击"草绘器工具"工具栏中的"使用"按钮，在图形窗口中选中黄色线所在的环，如图 5.160 所示。

图　5.160

⑤ 单击"草绘器工具"工具栏中的按钮，完成草绘操作，返回"填充"操控板。单击"填充"操控板右侧的按钮，完成创建平整曲面操作。此时，在模型树中系统会自动选中"填充 1"特征。

3）第一次合并曲面

① 按住 < Ctrl > 键，在模型树中选中"复制 1"特征。单击"编辑特征"工具栏中的"合并"按钮，打开"合并"操控板，单击对话栏中的"参照"按钮，打开"参照"上滑面板。

② 在该上滑面板的"面组"收集器中选中"面组：F7（MAIN）"，单击"置顶"按钮，使"面组：F7（MAIN）"位于收集器顶部，成为主面组，

③ 单击"合并"操控板右侧的按钮，完成合并曲面操作。

4）旋转曲面

① 单击"基础特征"工具栏中的"旋转"按钮，打开"旋转"操控板，单击对话栏中的"放置"按钮，并在弹出的"放置"上滑面板中单击"定义…"按钮，打开"草绘"对话框。

② 在图形窗口中选取"MOLD_FRONT：F3（基准平面）"作为草绘平面，系统将自动选取"MOLD_RIGHT：F1（基准平面）"作为"右"参照平面，如图 5.161 所示。单击"草绘"对话框底部的"草绘"按钮，进入草绘模式。

图 5.161

③ 单击"草绘器工具"工具栏中的"使用" □ 按钮，选中黄色线所在的线，如图 5.162 所示。

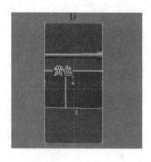

图 5.162

④ 单击"草绘器工具"工具栏中的"删除段" ✂ 按钮，删除上一步选中的黄色线。

⑤ 单击"草绘器工具"工具栏中的"几何中心线" ┊ 按钮，绘制旋转中心轴。单击"草绘器工具"工具栏中的"线" ＼ 按钮，绘制黄色线，作为旋转的边界线，如图 5.163 所示。

图 5.163

⑥ 单击"草绘器工具"工具栏中的 ✓

按钮，系统自动返回到"旋转"操控板。

⑦ 单击操控板右边的 ✓ 按钮，系统自动返回分型面界面。此时，在模型树中系统会自动选中"旋转 1"特征。

5）第二次合并曲面

① 按住 < Ctrl > 键，在模型树中选中"合并 1"特征。单击"编辑特征"工具栏中的"合并" ⏥ 按钮，打开"合并"操控板，单击对话栏中的"参照"按钮，打开"参照"上滑面板。

② 在该上滑面板的"面组"收集器中选中"面组：F7（MAIN）"，单击"置顶" ⯭ 按钮，使"面组：F7（MAIN）"位于收集器顶部，成为主面组。

③ 单击"合并"操控板右侧的 ✓ 按钮，完成合并曲面操作。

6）第一次延伸曲面

① 在模型树中用鼠标右键单击"PRT0001. PRT"工件，并在弹出的快捷键菜单中选择"取消遮蔽"命令，将其显示出来。

② 在图形窗口中选取红色的圆弧边，如图 5.164 所示，单击主菜单中的"编辑"→"延伸"命令，打开"延伸"操控板。

图 5.164

③ 单击"延伸"操控板中的"延伸到面" ▱ 按钮，选中"延伸到平面"选项。在图形窗口中选取工件的侧面（红色面）作为延伸参照平面，如图 5.165 所示。单击"延伸"操控板中的 ✓ 按钮，完成第一次延伸

曲面操作。

图　5.165

7）第二次延伸曲面

① 在图形窗口中选取红色的圆弧边，如图 5.166 所示，单击主菜单中的"编辑"→"延伸"命令，打开"延伸"操控板。

图　5.166

② 单击"延伸"操控板对话栏中的"参照"按钮，并在弹出的上滑面板中单击"细节"按钮，打开"链"对话框，选中"标准"单选按钮。按住 < Ctrl > 键，选择图 5.167 所示的红色线（排除第一步所选择的线）。

图　5.167

③ 单击"链"对话框底部的"确定"按钮。

④ 单击延伸操控板中的"延伸到面"按钮，选中"延伸到平面"选项。在图形窗口中选取工件的侧面（红色面）作为延伸参照平面，如图 5.168 所示。单击"延伸"操控板中的☑按钮，完成第二次延伸曲面操作。

图　5.168

8）第三次延伸曲面

① 在图形窗口中选取红色的圆弧边，如图 5.169 所示，单击主菜单中的"编辑"→"延伸"命令，打开"延伸"操控板。

图　5.169

② 单击"延伸"操控板对话栏中的"参照"按钮，并在弹出的上滑面板中单击"细节"按钮，打开"链"对话框，选中"标准"单选按钮。按住 < Ctrl > 键，选择图 5.170 所示的红色线（排除第一步所选择的线）。

③ 单击"链"对话框底部的"确定"按钮。

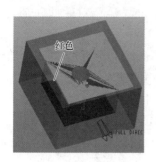

图　5.170

④ 单击"延伸"操控板中的"延伸到面" 按钮，选中"延伸到平面"选项。在图形窗口中选取工件的侧面（红色面）作为延伸参照平面，如图5.171所示。单击"延伸"操控板中的 按钮，完成第三次延伸曲面操作。

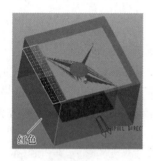

图　5.171

9）第四次延伸曲面

① 在图形窗口中选取红色的圆弧边，如图5.172所示，单击主菜单中的"编辑"→"延伸"命令，打开"延伸"操控板。

图　5.172

② 单击"延伸"操控板对话栏中的

"参照"按钮，并在弹出的上滑面板中单击"细节"按钮，打开"链"对话框，选中"标准"单选按钮。按住＜Ctrl＞键，选择图5.173所示的红色线（排除第一步所选择的线）。

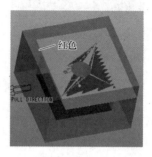

图　5.173

③ 单击对话框底部的"确定"按钮。

④ 单击"延伸"操控板中的"延伸到面" 按钮，选中"延伸到平面"选项。在图形窗口中选取工件的侧面（红色面，未遮蔽绿色工件会产生混合色，显示黄色）作为延伸参照平面，如图5.174所示。单击"延伸"操控板中的 按钮，完成第四次延伸曲面操作。

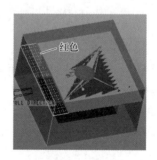

图　5.174

10）着色分型面

① 单击主菜单中的"视图"→"可见性"→"着色"命令，着色的分型面如图5.175所示。

② 单击"MFG体积块"工具栏上的"对勾"按钮，完成创建主分型面操作。此时，系统将返回模具设计模块主界面。

11）组命令。按住＜Ctrl＞键，在模型

图　5.175

树中用鼠标依次选中"复制 1"→"填充 1"→
"合并 1"→"旋转 1"→"合并 2"→"延伸 1"→
"延伸 2"→"延伸 3"→"延伸 4"，单击右
键，从快捷菜单中选择"组"命令，使得
各个分命令组合到一起。

（2）创建活块分型面

1）旋转曲面

① 单击"模具设计"工具栏中的"分
型面" 按钮，进入分型面界面。

② 单击"MFG 体积块"工具栏中的
"属性" 按钮，打开"属性"对话框，在
"名称"文本框中输入分型面的名称
"huokuaifenxingmian"，如图 5.176 所示。单
击对话框底部的"确定"按钮，退出对
话框。

图　5.176

③ 在模型树中用鼠标右键单击
"PRT0001. PRT"工件，并在弹出的快捷菜
单中选择"遮蔽"命令，将其遮蔽。

④ 单击"基础特征"工具栏中的"旋
转" 按钮，打开"旋转"操控板，单击
对话栏中的"定义..."按钮，并在弹出的
"放置"上滑面板中单击"放置"按钮，打
开"草绘"对话框。

⑤ 在图形窗口中选取"MOLD_FRONT:

F3（基准平面）"作为草绘平面，系统将自
动选取"MOLD_RIGHT：F1（基准平面）"
作为"左"参照平面，如图 5.177 所示。
单击对话框底部的"草绘"按钮，进入草
绘模式。

图　5.177

⑥ 单击"草绘器工具"工具栏中的
"使用" 按钮，选中图 5.178 所示的黄
色线。

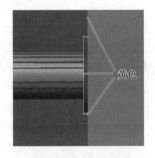

图　5.178

⑦ 单击"草绘器工具"工具栏中的
"删除段" 按钮，删除上一步选中的黄
色线。

⑧ 单击"草绘器工具"工具栏中的
"几何中心线" 按钮，绘制旋转中心轴。
单击"草绘器工具"工具栏中的"线"
按钮，绘制黄色线段，作为旋转的边界线，
如图 5.179 所示。

⑨ 单击"草绘器工具"工具栏中的
按钮，系统自动返回到"旋转"操控板。

⑩ 单击"旋转"操控板右侧的 按
钮，系统自动返回到"分型面"界面。

179

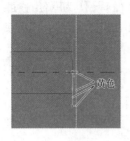

图 5.179

2）拉伸曲面

① 在模型树中用鼠标右键单击"PRT0001.PRT"工件，并在弹出的快捷菜单中选择"取消遮蔽"命令，将其显现出来。

② 单击"基础特征"工具栏中的"拉伸" 按钮，打开"拉伸"操控板，单击对话栏中的"放置"按钮，并在弹出的"放置"上滑面板中单击"定义..."按钮，打开"草绘"对话框。

③ 在图形窗口中选取图5.180所示的黄色线所示的面作为草绘平面，选取红色线所示的面为"右"参照平面。单击对话框底部的"草绘"按钮，进入草绘模式。

图 5.180

④ 系统弹出"参照"对话框。在图形窗口选取"F1（MOLD_RIGHT）"基准平面作为一个草绘参照平面，再在图形窗口中选取"F3（MOLD_FRONT）"基准平面作为另一个草绘参照平面，如图5.181所示。单击对话框底部的"关闭"按钮，退出对话框。

图 5.181

⑤ 单击"草绘器工具"工具栏中的"使用" 按钮，选中黄色线，如图5.182所示。

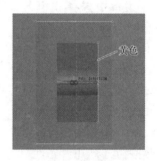

图 5.182

⑥ 单击"草绘器工具"工具栏中的"删除段" 按钮，删除上一步选中的黄色线。

⑦ 单击"草绘器工具"工具栏中的"线" 按钮，绘制黄色线，作为拉伸的边界线，如图5.183所示。

图 5.183

⑧ 单击"草绘器工具"工具栏中的 按钮，系统自动返回到"拉伸"操控板，单击"深度"中的"到选定项" 按钮，选

择红色线所在的面为深度参考面，如图5.184所示。

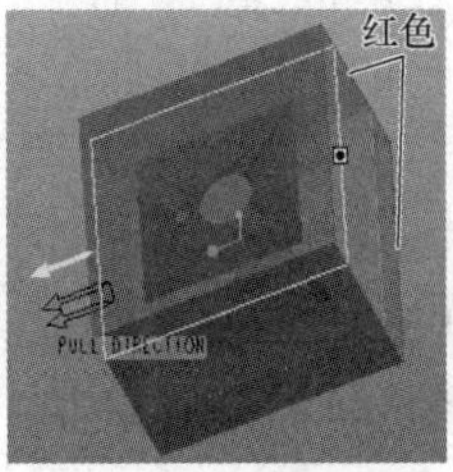

图　5.184

⑨ 单击“拉伸”操控板中的✔按钮，此时，在模型树中系统会自动选中“拉伸1”特征。

3）合并曲面

① 按住 < Ctrl > 键，在模型树中选中“旋转1”特征。单击“编辑特征”工具栏中的“合并”◌按钮，打开“合并”操控板，单击对话栏中的“参照”按钮，打开“参照”上滑面板。

② 在该上滑面板的“面组”收集器中选中“面组：F17（PART_SURF_1）”，单击“置顶”⤒按钮，使“面组：F17（PART_SURF_1）”位于收集器顶部，成为主面组。

③ 单击“合并”操控板右侧的✔按钮，完成合并曲面操作。

4）着色分型面

① 单击主菜单中的“视图”→“可见性”→“着色”命令，着色的分型面如图5.185所示。

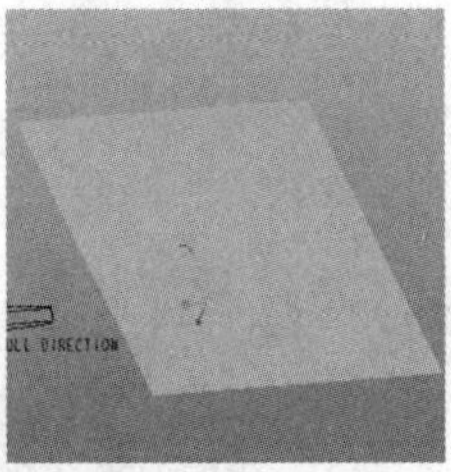

图　5.185

② 单击“MFG体积块”工具栏中的✔按钮，完成创建活块分型面操作。此时，系统将返回模具设计模块主界面。

5）组命令。按住 < Ctrl > 键，在模型树中用鼠标依次选中“合并1”→“拉伸1”→“旋转1”，单击右键，从快捷菜单中选择“组”命令，使得各个分命令组合到一起。

7. 分割体积块和抽取模具元件

（1）分割活块

1）单击“模具设计”工具栏中的“体积块分割”⧉按钮，在弹出的“分割体积块”菜单管理器中单击“两个体积块”→“所有工件”→“完成”命令，如图5.186所示，打开“分割”对话框。

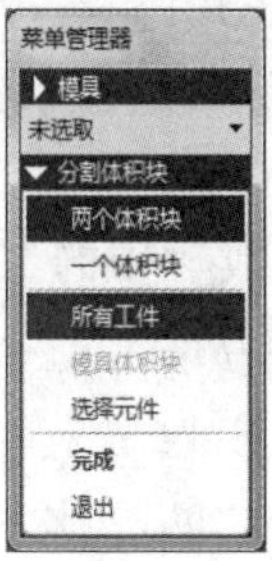

图　5.186

2）在图形窗口中选取红色分型面，如图5.187所示。单击“选取”对话框中的“确定”按钮，返回“分割”对话框。

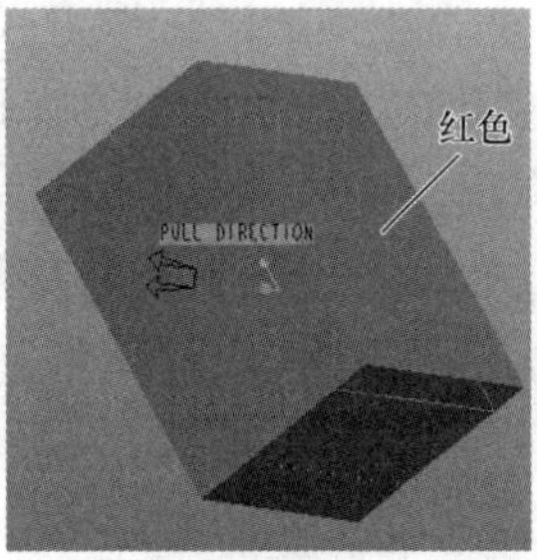

图　5.187

3）单击“分割”对话框中的“确定”按钮，系统自动弹出“属性”对话框，并加亮显示分割生成的体积块。在“名称”文本框中输入体积块的名称为“waixing_1”，单击“属性”对话框底部的“确定”按钮，系统自动弹出另一个“属性”对话框，并加亮显示分割生成的砂芯体积块，在“名称”文本框中输入体积块的名称为“huokuai”，单击“属性”对话框底部的“确定”按钮。

（2）第一次抽取模具元件　单击菜单管理器中的“模具元件”→“抽取”命令，

系统自动弹出"创建模具元件"对话框，单击对话框中的"选取全部体积块"■按钮。单击该对话框底部的"确定"按钮，此时，系统自动将模具体积块抽取为模具元件，并退出对话框。

（3）分割中间砂型模具

1）按住＜Ctrl＞键，在模型树中依次选中"PRT0001. PRT"→"组 LOCAL_GROUP_1"，单击右键，从快捷菜单中选择"隐藏"命令，将其隐藏。

2）单击"模具设计"工具栏中的"体积块分割"按钮，在弹出的"分割体积块"菜单管理器中单击"两个体积块"→"选择元件"→"完成"命令，如图 5.188 所示，打开"选取"对话框。

图 5.188

3）在模型树口中选取"WAIXING_1. PRT"，单击对话框中的"确定"按钮，系统自动弹出"分割"对话框。在图形窗口中选取红色分型面，如图 5.189 所示，单击"选取"对话框中的"确定"按钮，返回"分割"对话框，系统自动弹出"岛"菜单管理器。

图 5.189

4）选中"岛"菜单管理器中的"岛2"和"岛3"，单击底部的"完成选取"命令，如图 5.190 所示。

5）单击"分割"对话框中的"确定"按钮，系统自动弹出"属性"对话框，并

加亮显示分割生成的上砂型体积块。在"名称"文本框中输入体积块的名称为"waixing_2"，单击"属性"对话框底部的"确定"按钮，系统自动弹出另一个"属性"对话框，并加亮显示分割生成的外形体积块。

图 5.190

在"名称"文本框中输入体积块的名称为"zhongjianshaxingmuju"，单击"属性"对话框底部的"确定"按钮。

（4）第二次抽取模具元件

1）单击菜单管理器中的"模具元件"→"抽取"命令，系统自动弹出"创建模具元件"对话框，单击对话框中的"选取全部体积块"■按钮。单击该对话框底部的"确定"按钮，此时，系统自动将模具体积块抽取为模具元件，并退出对话框。

2）按住＜Ctrl＞键，在模型树中选取"ZHONGJIANSHAXINGMUJU_REF. PRT"→"组 LOCAL_GROUP"→"WAIXING_1. PRT"→"WAIXING_2. PRT"，单击右键，从快捷菜单中选择"隐藏"命令，将其隐藏。

8. 改变中间砂型模具外观

（1）改变中间砂型模具外观

1）在图形窗口中选取"ZHONGJIAN-SHAXINGMUJU. PRT"，单击右键，从快捷菜单中选择"打开"命令。

2）单击主菜单中的"外观库" ●，对其进行外观修饰，如图 5.191 所示。

图 5.191

（2）改变活块外观

1）在图形窗口中选取"HUOKUAI. PRT"，单击右键，从快捷菜单中选择"打开"命令。

2）单击"基础特征"工具栏中的"拉伸" 按钮，打开"拉伸"操控板，单击对话栏中的"放置"按钮，并在弹出的"放置"上滑面板中单击"定义..."按钮，打开"草绘"对话框。

3）在图形窗口中选取图 5.192 所示黄色线所在的面作为草绘平面，其余命令选择系统默认值。单击对话框底部的"草绘"按钮，进入草绘模式。

图　5.192

4）系统弹出"参照"对话框。在图形窗口选取"曲面：F1（抽取）"基准平面作为一个草绘参照平面，再在图形窗口中选取"曲面：F1（抽取）"基准平面作为另一个草绘参照平面，如图 5.193 所示。单击对话框底部的"关闭"按钮，退出对话框。

图　5.193

5）单击"草绘器工具"工具栏中的

"使用" 按钮，选中黄色线，如图 5.194 所示。

图　5.194

6）单击"草绘器工具"工具栏中的 按钮，系统自动返回到"拉伸"操控板。单击"深度"中的"到选定项" 按钮，选择红色线所在的面作为深度参考面，如图 5.195 所示。

图　5.195

7）选中"拉伸"操控板中的"移除材料" 按钮，单击操控板中的"对勾"按钮。

8）单击主菜单中的"外观库" ，对活块进行外观修饰，如图 5.196 所示。

图　5.196

9. 仿真开模

（1）定义开模步骤

1）单击"模具设计"工具栏中的"模具开模"  按钮，系统自动弹出"模具开模"菜单管理器，如图 5.197 所示。单击菜单管理器中的"定义间距"→"定义移动"命令，此时，系统要求用户选取要移动的模具元件。

图 5.197

2）在模型树中选取"HUOKUAI. PRT"元件，并单击"选取"对话框中的"确定"按钮。此时，系统将再次弹出"选取"对话框，要求用户选取一条直边、轴或面来确定模具元件移动方向，如图 5.198 所示（红色箭头表示移动的方向）。

图 5.198

3）在消息区中的文本框中输入数值"200"，单击右侧的"对勾"按钮，返回"定义间距"菜单。

4）单击"菜单管理器"中的"完成/返回"命令，开模后的模具自动闭合。

（2）模具开模 单击"菜单管理器"中的"模具开模"命令，活块会自动移动，如图 5.199 所示。

10. 保存模具文件

1）单击"文件"工具栏中的"保存" 按钮，打开"保存对象"对话框，单击对话框底部的"确定"按钮，保存模具文件。

图 5.199

2）单击主菜单中的"文件"→"拭除"→"当前"命令，打开"拭除"对话框，单击"选取全部体积块" 按钮，选中所有文件，如图 5.200 所示。单击对话框底部的"确定"按钮，关闭当前文件，并将其从内存中拭除。

图 5.200

5.4.4 下砂型模具设计

1. 设置工作目录

1）新建文件夹命名为"下砂型模具设计"，其新建的文件夹所在目录为"F：\xuexi\曲阜实习\tanhuangtong\砂型铸造模具设计实例\下砂型模具设计"。

2）在文件夹"弹簧筒砂型设计"中复制文件"xiashaxing. prt. 1"到新建的文件夹"下砂型模具设计"下。

3）单击主菜单中的"文件"→"设置工作目录"命令，打开"选取工作目录"对话框，如图 5.201 所示。改变目录到"xiashaxing. prt. 1"文件所在的目录（如："F：

\xuexi\曲阜实习\tanhuangtong\砂型铸造模具设计实例\下砂型模具设计")。

图 5.201

4）单击该对话框底部的"确定"按钮，即可将"xiashaxing. prt. 1"文件所在的目录设置为当前进程中的工作目录。

2. 设置配置文件

1）单击主菜单中的"工具"→"选项"命令，打开"选项"对话框，在对话框中左上侧单击"显示"编辑框右侧的按钮，并在打开的下拉列表中选择"当前会话"选项，然后在"选项"文本框中输入文字"enable_absolute_accuracy"，并按 < Enter >键确认。

2）单击"值"编辑框右侧的按钮，并在打开的下拉列表框中选择"yes"选项。单击"添加/更改"按钮，此时"enable_absolute_accuracy"选项和值会出现在"选项"列表中。

3）单击"选项"对话框底部的"确定"按钮，退出对话框。此时，系统将启用绝对精度功能，这样在装配参照零件过程中，可以将组件模型的精度值设置为和参照模型的精度相同。

3. 新建模具文件

1）单击"文件"工具栏中的"新建"按钮，打开"新建"对话框，选中"类型"选项组中的"制造"单选按钮和"子类型"选项组中的"模具型腔"单选按钮。

2）在"名称"文本框中输入文件名"xiashaxingmuju"，取消选中"使用默认模板"复选按钮。单击对话框底部的"确定"按钮，打开"新文件选项"对话框。

3）在"新文件选项"对话框中选择"mmns_mfg_mold"模板，单击对话框底部的"确定"按钮，进入模具设计模块。

4. 装配参照零件

1）单击右侧"模具"菜单中的"模具模型"→"装配"→"参照模型"命令，打开"打开"对话框，并要求用户选取参照零件。

2）在该对话框中系统会自动选中"xiashaxing. prt"文件。单击对话框底部的"打开"按钮，打开"元件放置"操控板，如图 5.202 所示。

图 5.202

3）单击"元件放置"操控板中的"自动"按钮，选择"缺省"命令（此时弹簧筒铸件的上砂型颜色变为黄色），然后单击"元件放置"操控板中的按钮，完成元件放置操作。此时系统弹出"创建参照模型"

对话框，如图 5.203 所示。

4）接受该对话框中默认的设置，并单击对话框底部的"确定"按钮，退出对话框。此时，系统弹出"警告"对话框，如图 5.204 所示。单击对话框底部的"确定"

图 5.203

图 5.205

按钮，接受绝对精度值的设置，此时，装配的参照零件如图 5.205 所示。

图 5.204

5）单击"模具模型"菜单中的"完成/返回"命令，返回"模具"菜单。

5. 手动创建工件

1）单击右侧"模具"菜单中的"模具

模型"→"创建"→"工件"→"手动"命令，打开"元件创建"对话框。

2）在该对话框中选择工件的类型，并输入名称。单击对话框底部的"确定"按钮，打开"创建选项"对话框。在"创建方法"选项组中，选中"创建特征"单选按钮，其他选项接受默认设置。

3）单击该对话框底部的"确定"按钮，退出对话框，系统自动弹出"实体"菜单管理器，单击菜单中的"伸出项"→"拉伸/实体/完成"命令，打开"拉伸"操控板，如图 5.206 所示。

图 5.206

4）单击"拉伸"操控板对话栏中的"放置"按钮，系统弹出"放置"上滑面板。单击"定义..."按钮，打开"草绘"对话框。

5）在图形窗口中选取"MOLD_FRONT：F3（基准平面）"作为草绘平面，系统将自动选取"MOLD_RIGHT：F1（基准平面）"作为"右"参照平面，如图 5.207所示。单击对话框底部的"草绘"按钮，进入草绘模式。

6）系统弹出"参照"对话框，如图 5.208 所示。在图形窗口选取"MAIN_PARTING_PLN"基准平面作为一个草绘参照平面，再在图形窗口中选取"MOLD_RIGHT"基准平面作为另一个草绘参照平

图 5.207

面，并单击对话框底部的"关闭"按钮，退出对话框。

7）单击"草绘器工具"工具栏中的"使用" 按钮，选中上砂型的黄色边缘线，如图 5.209 所示。

图　5.208

图　5.209

8）单击"草绘器工具"工具栏中的"删除段" 按钮，删除上一步选中的黄色线。

9）单击"草绘器工具"工具栏中的"矩形" 按钮，绘制一个矩形，其具体尺寸如图 5.210 所示。

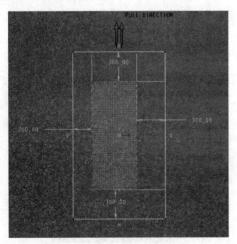

图　5.210

10）单击"草绘器工具"工具栏中的 按钮，完成草绘操作，返回"拉伸"操控板。

11）选择深度类型为"对称" ，在其右侧的"深度"文本框中输入深度值"1700"，并按 < Enter > 键确认。单击"拉伸"操控板右侧的 按钮，完成工件的创建操作，如图 5.211 所示。

图　5.211

12）单击"特征操作"菜单中的"完成/返回"→"完成/返回"命令，返回"模具"界面。

6. 创建分型面

（1）复制曲面

1）单击"模具设计"工具栏中的"分型面" 按钮，进入分型面界面。

2）单击"MFG 体积块"工具栏上的"属性" 按钮，打开"属性"对话框。在"名称"文本框中输入分型面的名称"main. xia"，如图 5.212 所示。单击对话框底部的"确定"按钮，退出对话框。

图　5.212

3）在模型树中用鼠标右键单击"PRT0002. PRT"工件，并在弹出的快捷菜单中选择"遮蔽"命令，将其遮蔽。

4）按住 < Ctrl > 键，选择浇注系统和内腔所在的表面，如图 5. 213 所示，此时被选中的表面呈红色。

图 5. 213

5）单击"编辑"工具栏中的"复制"按钮，然后单击"编辑"工具栏中的"粘贴"按钮。单击操控板右侧的☑按钮，完成复制曲面操作。

（2）第一次延伸曲面

1）在模型树中用鼠标右键单击"PRT0002. PRT"工件，并在弹出的快捷键菜单中选择"取消遮蔽"命令，将其显示出来。

2）在图形窗口中选取图 5. 214 所示的红色圆弧边，单击主菜单中的"编辑"→"延伸"命令，打开"延伸"操控板。

图 5. 214

3）单击"延伸"操控板中的"延伸到面"按钮，选中"延伸到平面"选项。在图形窗口中选取工件的侧面（红色面）作为延伸参照平面，如图 5. 215 所示。单击"延伸"操控板中的☑按钮，完成第一次延伸

曲面操作。

图 5. 215

（3）第二次延伸曲面

1）在图形窗口中选取图 5. 216 所示红色的圆弧边，单击主菜单中的"编辑"→"延伸"命令，打开"延伸"操控板。

图 5. 216

2）单击"延伸"操控板对话栏中的"参照"按钮，并在弹出的上滑面板中单击"细节"按钮，打开"链"对话框，选中"标准"单选按钮。按住 < Ctrl > 键，选择图 5. 217 所示的红色线（排除第一步所选择的线）。

图 5. 217

3）单击"链"对话框底部的"确定"按钮。

4）单击"延伸"操控板中的"延伸到面" 按钮，选中"延伸到平面"选项。在图形窗口中选取工件的侧面（红色面）作为延伸参照平面，如图5.218所示。单击"延伸"操控板中的 按钮，完成第二次延伸曲面操作。

图 5.218

（4）第三次延伸曲面

1）在图形窗口中选取图5.219所示红色的圆弧边，单击主菜单中的"编辑"→"延伸"命令，打开"延伸"操控板。

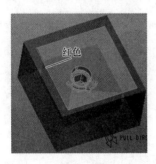

图 5.219

2）单击"延伸"操控板对话栏中的"参照"按钮，并在弹出的上滑面板中单击"细节"按钮，打开"链"对话框，选中"标准"单选按钮。按住 < Ctrl > 键，选择图5.220所示的红色线（排除第一步所选择的线）。

3）单击"链"对话框底部的"确定"按钮。

图 5.220

4）单击"延伸"操控板中的"延伸到面" 按钮，选中"延伸到平面"选项。在图形窗口中选取工件的侧面（红色面）作为延伸参照平面，如图5.221所示。单击"延伸"操控板中的"草绘"按钮，完成第三次延伸曲面操作。

图 5.221

（5）第四次延伸曲面

1）在图形窗口中选取图5.222所示，红色的圆弧边，单击主菜单中的"编辑"→"延伸"命令，打开"延伸"操控板。

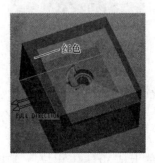

图 5.222

2）单击"延伸"操控板对话栏中的

"参照"按钮,并在弹出的上滑面板中单击"细节"按钮,打开"链"对话框,选中"标准"单选按钮。按住 < Ctrl > 键,选择图 5.223 所示的红色线(排除第一步所选择的线)。

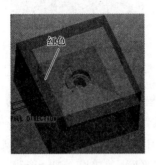

图　5.223

3)单击"链"对话框底部的"确定"按钮。

4)单击"延伸"操控板中的"延伸到面" 按钮,选中"延伸到平面"选项。在图形窗口中选取工件的侧面(红色面)作为延伸参照平面,如图 5.224 所示。单击"延伸"操控板中的"对勾"按钮,完成第四次延伸曲面操作。

图　5.224

(6)着色分型面

1)单击主菜单中的"视图"→"可见性"→"着色"命令,着色的分型面如图 5.225 所示。

2)单击"MFG 体积块"工具栏中的 按钮,完成创建分型面操作。此时,系统将返回模具设计模块主界面。

图　5.225

(7)组命令　按住 < Ctrl > 键,在模型树中用鼠标依次选中"复制 1"→"延伸 1"→"延伸 2"→"延伸 3"→"延伸 4",单击右键,从快捷菜单中选择"组"命令,使得各个分命令组合到一起。

7. 分割体积块和抽取模具元件

(1)分割下砂型模具

1)单击"模具设计"工具栏中的"体积块分割" 按钮,在弹出的"分割体积块"菜单管理器中单击"两个体积块"→"所有工件"→"完成"命令,如图 5.226 所示,打开"分割"对话框。

图　5.226

2)在图形窗口中选取红色分型面,如图 5.227 所示,单击"选取"对话框中的"确定"按钮,返回"分割"对话框。

3)单击"分割"对话框中的"确定"按钮,系统自动弹出"属性"对话框,并加亮显示分割生成的体积块。在"名称"文本框中输入体积块的名称为"xiashaxing-muju",单击"属性"对话框底部的"确

红色

图　5.227

图　5.228

定"按钮,系统自动弹出另一个"属性"对话框,并加亮显示分割生成的砂芯体积块。在"名称"文本框中输入体积块的名称为"waixing",单击"属性"对话框底部的"确定"按钮。

(2) 抽取模具元件　单击菜单管理器中的"模具元件"→"抽取"命令,系统自动弹出"创建模具元件"对话框,单击对话框中的"选取全部体积块" ▤ 按钮。单击该对话框底部的"确定"按钮,此时,系统自动将模具体积块抽取为模具元件,并退出对话框。

8. 改变下砂型模具外观

1) 按住 < Ctrl > 键,在模型树中选取"MFG0001_REF.PRT"→"PR0002.PRT"→"组 LOCAL_GROUP"→"WAIXING.PRT",单击右键,从快捷菜单中选择"隐藏"命令,将其隐藏。

2) 在图形窗口中选取"XIASHAXING-MUJU.PRT",单击右键,从快捷菜单中选择"打开"按钮。

3) 单击主菜单中的"外观库" ●▾ ,对其进行外观修饰,如图 5.228 所示。

9. 保存模具文件

1) 单击"文件"工具栏中的"保存" 🖫 按钮,打开"保存对象"对话框。单击对话框底部的"确定"按钮,保存模具文件。

2) 单击主菜单中的"文件"→"拭除"→"当前"命令,打开"拭除"对话框。单击"选取全部体积块" ▤ 按钮,选中所有文件。单击对话框底部的"确定"按钮,关闭当前文件,并将其从内存中拭除。

5.4.5　芯盒设计

1. 设置工作目录

1) 新建文件夹命名为"芯盒设计",其新建的文件夹所在目录为"F:\xuexi\曲阜实习\tanhuangtong\砂型铸造模具设计实例\芯盒设计"。

2) 在文件夹"弹簧筒砂型设计"中复制文件"shaxin.prt"到新建的文件夹"芯盒设计"下。

3) 单击主菜单中的"文件"→"设置工作目录"命令,打开"选取工作目录"对话框,如图 5.229 所示。改变目录到"shaxin.prt"文件所在的目录(如:"F:\xuexi\曲阜实习\tanhuangtong\砂型铸造模具设计实例\芯盒设计")。

图　5.229

4）单击该对话框底部的"确定"按钮，即可将"shaxin. prt"文件所在的目录设置为当前进程中的工作目录。

2. 设置配置文件

1）单击主菜单中的"工具"→"选项"命令，打开"选项"对话框。在对话框中左上侧单击"显示"编辑框右侧的按钮，并在打开的下拉列表中选择"当前会话"选项，然后在"选项"文本框中输入文字"enable_absolute_accuracy"，并按 < Enter > 键确认。

2）单击"值"编辑框右侧的按钮，并在打开的下拉列表框中选择"yes"选项。单击"添加/更改"按钮，此时"enable_absolute_accuracy"选项和值会出现在"选项"列表中。

3）单击"选项"对话框底部的"确定"按钮，退出对话框。此时，系统将启用绝对精度功能，这样在装配参照零件过程中，可以将组件模型的精度值设置为和参照模型的精度相同。

3. 新建模具文件

1）单击"文件"工具栏中的"新建"按钮，打开"新建"对话框，选中"类型"选项组中的"制造"单选按钮和"子类型"选项组中的"模具型腔"单选按钮。

2）在"名称"文本框中输入文件名"shaxinmuju"，取消选中"使用缺省模板"复选按钮。单击"新建"对话框底部的"确定"按钮，打开"新文件选项"对话框。

3）在"新文件选项"对话框中选择"mmns_mfg_mold"模板，单击对话框底部的"确定"按钮，进入模具设计模块。

4. 装配参照零件

1）单击右侧"模具"菜单中的"模具模型"→"装配"→"参照模型"命令，打开"打开"对话框，并要求用户选取参照零件。

2）在该对话框中系统会自动选中"shaxin. prt"文件，单击对话框底部的"打开"按钮，打开图5.230所示的"元件放置"操控板。

图　5.230

3）单击"元件放置"操控板中的"自动"按钮，选择"缺省"命令（此时弹簧筒铸件的上砂型颜色变为黄色），然后单击"元件放置"操控板中的按钮，完成元件放置操作。此时系统弹出"创建参照模型"对话框，如图5.231所示。

4）接受该对话框中默认的设置，并单击对话框底部的"确定"按钮，退出对话框。此时，系统弹出"警告"对话框，如图5.232所示。单击对话框底部的"确定"按钮，接受绝对精度值的设置。此时，装配的参照零件如图5.233所示。

图　5.231

图　5.232

5）单击"模具模型"菜单中的"完成/返回"命令，返回"模具"菜单。

图　5.233

5. 手动创建工件

1) 单击右侧"模具"菜单中的"模具

模型"→"创建"→"工件"→"手动"命令，打开"元件创建"对话框。

2) 在该对话框中选择工件的类型，并输入名称。单击对话框底部的"确定"按钮，打开"创建选项"对话框，在"创建方法"选项组中，选中"创建特征"单选按钮，其他选项接受默认设置。

3) 单击该对话框底部的"确定"按钮，退出对话框。系统自动弹出"实体"菜单管理器，单击菜单中的"伸出项"→"拉伸/实体/完成"命令，打开"拉伸"操控板，如图 5.234 所示。

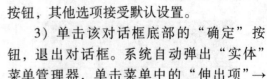

图　5.234

4) 单击"拉伸"操控板对话框中的"放置"按钮，系统弹出"放置"上滑面板，单击"定义..."按钮，打开"草绘"对话框。

5) 在图形窗口中选取"MOLD_FRONT：F3（基准平面）"作为草绘平面，系统将自动选取"MOLD_RIGHT：F1（基准平面）"作为"顶"参照平面，如图 5.235 所示。单击对话框底部的"草绘"按钮，进入草绘模式。

图　5.235

6) 系统弹出"参照"对话框，如图 5.236 所示。在图形窗口选取"F2（MAIN_PARTING_PLN）"基准平面作为一个草绘参照平面，再在图形窗口中选取"F1（MOLD_

RIGHT)"基准平面作为另一个草绘参照平面，并单击对话框底部的"关闭"按钮，退出对话框。

图　5.236

7) 单击"草绘器工具"工具栏中的"使用" 按钮，选中上砂型的黄色边缘线，如图 5.237 所示。

图　5.237

193

8）单击"草绘器工具"工具栏中的"删除段"✂按钮，删除上一步选中的黄色边缘线。

9）单击"草绘器工具"工具栏中的"矩形"▢按钮，绘制一个矩形，其具体尺寸如图 5.238 所示。

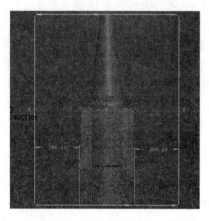

图　5.238

10）单击"草绘器工具"工具栏中的✔按钮，完成草绘操作，返回"拉伸"操控板。

11）选择深度类型为"对称"🔲，在其右侧的"深度"文本框中输入深度值"700"，并按 < Enter > 键确认。单击"拉伸"操控板右侧的✔按钮，完成工件的创建操作，如图 5.239 所示。

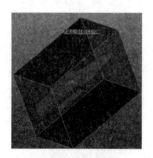

图　5.239

12）单击"特征操作"菜单中的"完成/返回"→"完成/返回"命令，返回"模具"界面。

6. 创建分型面

（1）拉伸分型面

1）单击"模具设计"工具栏中的"分型面"▱按钮，进入分型面界面。

2）单击"MFG 体积块"工具栏中的"属性"🖿按钮，打开"属性"对话框，在"名称"文本框中输入分型面的名称"main. shaxin"，如图 5.240 所示。单击对话框底部的"确定"按钮，退出对话框。

图　5.240

3）在模型树中用鼠标右键单击"PRT0001. PRT"工件，并在弹出的快捷菜单中选择"遮蔽"命令，将其遮蔽。

4）单击"基础特征"工具栏中的"拉伸"⬚按钮，打开"拉伸"操控板，单击对话栏中的"放置"按钮，并在弹出的"放置"上滑面板中单击"定义…"按钮，打开"草绘"对话框。

5）在图形窗口中选取黄色箭头所示的面作为草绘平面，选取红色线所在的面作为"右"参照平面，如图 5.241 所示。单击对话框底部的"草绘"按钮，进入草绘模式。

图　5.241

6）系统弹出"参照"对话框。在图形窗口选取"F1（MOLD_RIGHT）"基准平面为一个草绘参照平面，再在图形窗口中选取

"F3（MOLD_FRONT）"基准平面作为另一个草绘参照平面，如图 5.242 所示。单击对话框底部的"关闭"按钮，退出对话框。

图 5.242

7）单击"草绘器工具"工具栏中的"使用" □ 按钮，选中图 5.243 所示的黄色线。

图 5.243

8）单击"草绘器工具"工具栏中的"删除段" 按钮，删除上一步选中的黄色线。

9）单击"草绘器工具"工具栏中的"线" 按钮，绘制图 5.244 所示的黄色线，作为拉伸的边界线。

图 5.244

10）单击"草绘器工具"工具栏中的 按钮，系统自动返回到"拉伸"操控板，单击"深度"中的"到选定项" 按钮，选择红色线所在的面作为深度参考面，如图 5.245 所示。

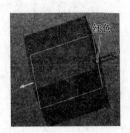

图 5.245

11）单击"拉伸"操控板中的"对勾"按钮，此时，在模型树中系统会自动选中"拉伸1"特征。

（2）着色分型面

1）单击主菜单中的"视图"→"可见性"→"着色"命令，着色的分型面如图 5.246 所示。

图 5.246

2）单击"MFG 体积块"工具栏中的 按钮，完成创建分型面操作。此时，系统将返回模具设计模块主界面。

7. 分割体积块和抽取模具元件

（1）分割砂芯模具

1）单击"模具设计"工具栏中的"体积块分割" 按钮，在弹出的"分割体积块"菜单管理器中单击"两个体积块"→"所有工件"→"完成"命令，如图 5.247 所示，打开"分割"对话框。

图　5.247

2）在图形窗口中选取红色分型面，如图 5.248 所示。单击"选取"对话框中的"确定"按钮，返回"分割"对话框。

图　5.248

3）单击"分割"对话框中的"确定"按钮，系统自动弹出"属性"对话框，并加亮显示分割生成的体积块。在"名称"文本框中输入体积块的名称为"xiamu"，单击"属性"对话框底部的"确定"按钮，系统自动弹出另一个"属性"对话框，并加亮显示分割生成的砂芯体积块。在"名称"文本框中输入体积块的名称为"shangmu"，单击"属性"对话框底部的"确定"按钮。

（2）抽取模具元件　单击菜单管理器中的"模具元件"→"抽取"命令，系统自动弹出"创建模具元件"对话框，单击对话框中的"选取全部体积块" ▤ 按钮。单击该对话框底部的"确定"按钮，此时，系统自动将模具体积块抽取为模具元件，并退出对话框。

8. 改变芯盒模具外观

（1）改变芯盒上模外观

1）按住 < Ctrl > 键，在模型树中选取"SHAXINMUJU_REF. PRT"→"PR0001. PRT"→"拉伸"→"WAIXING. PRT"，单击右键，在快捷菜单中选择"隐藏"命令，将其隐藏。

2）在图形窗口中选取"SHANGMU. PRT"，单击右键，在快捷菜单中选择"打开"命令。

3）单击主菜单中的"外观库" ⬤，对其进行外观修饰，如图 5.249 所示。

图　5.249

（2）改变芯盒下模外观

1）在图形窗口中选取"XIAMU. PRT"，单击右键，在快捷菜单中选择"打开"命令。

2）单击主菜单中的"外观库" ⬤，对其进行外观修饰。

9. 芯盒定位装置设计

（1）芯盒上模定位装置

1）在图形窗口中选取"SHANGMU. PRT"，单击右键，从快捷菜单中选择"打开"按钮。

2）单击"基础特征"工具栏中的"拉伸" ⬚ 按钮，打开"拉伸"操控板，单击对话栏中的"放置"按钮，并在弹出的"放置"上滑面板中单击"定义..."按钮，打开"草绘"对话框。

3）在图形窗口中选取图 5.250 中黄色

箭头所示的面作为草绘平面，选取红色线所在的面作为"右"参照平面。单击对话框底部的"草绘"按钮，进入草绘模式。

图 5.250

4）系统弹出"参照"对话框。在图形窗口选取"曲面：F1（抽取）"基准平面作为一个草绘参照平面，再在图形窗口中选取"曲面：F1（抽取）"基准平面作为另一个草绘参照平面，如图 5.251 所示。单击对话框底部的"关闭"按钮，退出对话框。

图 5.251

5）单击"草绘器工具"工具栏中的"使用" ▣ 按钮，选中图 5.252 所示的黄色线。

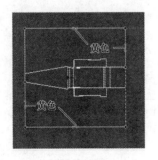

图 5.252

6）单击"草绘器工具"工具栏中的"删除段" 按钮，删除上一步选中的黄色线。

7）单击"草绘器工具"工具栏中的"圆心和点" ○ 按钮，绘制两个圆，如图 2.253 所示，作为拉伸的边界线。

图 5.253

8）单击"草绘器工具"工具栏中的✔按钮，系统自动返回到"拉伸"操控板，单击"深度"中的"列选定项" 按钮，在"深度"值一栏中输入"100"。

9）单击"拉伸"操控板中的✔按钮，此时，拉伸操作命令完成，如图 5.254 所示。

图 5.254

（2）芯盒下模定位装置

1）在图形窗口中选取"XIAMU.PRT"，单击右键，从快捷菜单中选择"打开"按钮。

2）单击"基础特征"工具栏中的"拉伸" 按钮，打开"拉伸"操控板，单击对话栏中的"放置"按钮，并在弹出的"放置"上滑面板中单击"定义..."按钮，打开"草绘"对话框。

3）在图形窗口中选取图 5.255 中黄色箭头所示的面作为草绘平面，选取红色线所在的面作为"右"参照平面。单击对话框底部的"草绘"按钮，进入草绘模式。

图 5.255

4）系统弹出"参照"对话框。在图形窗口选取"曲面：F1（抽取）"基准平面作为一个草绘参照平面，再在图形窗口中选取"曲面：F1（抽取）"基准平面为另一个草绘参照平面，如图 5.256 所示。单击对话框底部的"关闭"按钮，退出对话框。

图 5.256

5）单击"草绘器工具"工具栏中的"使用" ▢ 按钮，选中图 5.257 所示的黄色线。

6）单击"草绘器工具"工具栏中的"删除段" ⊁ 按钮，删除上一步选中的黄色线。

7）单击"草绘器工具"工具栏中的"圆心和点" ◯ 按钮，绘制两个圆，如图 5.258 所示，作为拉伸的边界线。

图 5.257

图 5.258

8）单击"草绘器工具"工具栏中的 ✔ 按钮，系统自动返回到"拉伸"操控板，单击"深度"中的"列选定项" 按钮，在"深度"值一栏中输入"100"。单击 ⅋ 按钮，改变拉伸方向。

9）单击"移除材料" ⬛ 按钮，去除多余材料。

10）单击"拉伸"操控板中的 ✔ 按钮，此时，拉伸操作命令完成，如图 5.259 所示。

图 5.259

10. 仿真开模

（1）定义上芯盒开模步骤

1）在模型树中选取"SHAXINMUJU_REF. PRT"，单击右键，从快捷菜单中选择"取消隐藏"命令，将其显现出来。

2）单击"模具设计"工具栏中的"模具开模" 按钮，系统自动弹出"模具开模"菜单管理器，如图 5.260 所示。单击菜单管理器中的"定义间距"→"定义移动"命令，此时，系统要求用户选取要移动的模具元件。

图　5.260

3）在模型树中选取"SHANGMU. PRT"元件，并单击"选取"对话框中的"确定"按钮。此时，系统将再次弹出"选取"对话框，要求用户选取一条直边、轴或面来确定模具元件移动方向，如图 5.261 所示（红色箭头表示移动的方向）。

图　5.261

4）在消息区中的文本框中输入数值"300"，单击右侧的 按钮，返回"定义间距"菜单。

5）单击"菜单管理器"中的"完成/返回"命令，开模后的模具自动闭合。

（2）定义下芯盒开模步骤

1）单击"模具设计"工具栏中的"模具开模" 按钮，系统自动弹出"模具开模"菜单管理器，如图 5.262 所示。单击菜单管理器中的"定义间距"→"定义移动"命令，此时，系统要求用户选取要移动的模具元件。

2）在模型树中选取"XIAMU. PRT"元件，并单击"选取"对话框中的"确定"按钮。此时，系统将再次弹出"选取"对话框，要求用户选取一条直边、轴或面来确定模具元件移动方向，如图 5.263 所示（红色箭头表示移动的方向）。

图　5.262

图　5.263

3）在消息区中的文本框中输入数值"300"，单击右侧的 按钮，返回"定义间距"菜单。

4）单击"菜单管理器"中的"完成/返回"命令，开模后的模具自动闭合。

（3）打开上、下芯盒

1）单击"模具孔"菜单中的"分解"命令，系统弹出"逐步"菜单管理器，如图 5.264 所示。此时，所有的模具元件将回

图　5.264

到移动前的位置。

2）单击"逐步"菜单管理器中的"打开下一个"命令，系统将打开上芯盒，如图5.265所示。

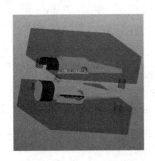

图　5.265

3）单击"逐步"菜单管理器中的"打开下一个"命令，系统将打开下芯盒，如图5.266所示。

图　5.266

4）单击"模具开模"菜单中的"完成/返回"命令，返回"模具"菜单。此时，所有的模具元件又将回到移动前的位置。

11. 保存模具文件

1）单击"文件"工具栏中的"保存"按钮，打开"保存对象"对话框。单击对话框底部的"确定"按钮，保存模具文件。

2）单击主菜单中的"文件"→"拭除"→"当前"命令，打开"拭除"对话框。单击"选取全部体积块"按钮，选中所有文件。单击对话框底部的"确定"按钮，将其从内存中拭除。

5.5　思考题

1）简述模具体积块的使用条件和方法。

2）简述什么是分型面以及分型面的作用。

3）简述创建分型面的方法。

4）什么是拔模分析？简述拔模分析的步骤。

5）复习书中金属型和砂型铸造模具设计实例，并进行分模练习。

第 3 篇
AnyCasting 应用

主要内容：

第 6 章　AnyCasting 基本内容

第 7 章　铸造工艺模拟实例

教学目标：

本篇第 6 章主要讲述 AnyCasting 基本内容，需重点掌握 AnyCasting 前处理（anyPRE）与后处理（anyPOST）中的各个模块相关知识点。第 7 章通过进气腔的铸造工艺模拟这一实例，全面讲述 AnyCasting 的应用流程。通过本篇的学习，读者能基本掌握如何通过 AnyCasting 这一数值模拟软件进行工艺的验证与优化，为下一篇的学习打下良好的基础。

第6章

AnyCasting 基本内容

本章重点:

➤ AnyCasting 与 SOLIDWORKS、Pro/E 三维造型软件的对接

➤ AnyCasting 前处理

➤ AnyCasting 后处理

AnyCasting 铸造工艺模拟仿真软件是专门针对各种铸造工艺过程开发的仿真系统,可以进行铸造的充型、热传导、凝固过程和应力场的模拟计算。

6.1 AnyCasting 功能简介

AnyCasting 软件采用无限元法进行计算,可以进行力学性能计算,充型流动过程计算,缺陷指数计算,微观组织模拟及缩松、缩孔预测模拟。

除砂型铸造外,AnyCasting 软件适合模拟的铸造方法有熔模铸造、金属型铸造、重力倾转铸造、高压铸造、低压铸造、真空压铸、挤压铸造、半固态压铸、离心铸造、电渣熔铸等,还可以对过滤网、保温冒口套进行模拟计算。

AnyCasting 可以模拟金属铸造过程,精确显示充填不足、冷隔、卷气和热节的位置以及残余应力及变形,准确预测缩松、缩孔和铸造组织的微观变化。

6.1.1 材料数据

AnyCasting 可以用来模拟大多数金属材料,从钢和铸铁到铝基合金、钴基合金、铜基合金、镁基合金、镍基合金、钛基合金和锌基合金,以及非传统合金。

6.1.2 模拟分析能力

AnyCasting 几乎可以模拟分析任何铸造生产过程中可能出现的问题,为铸造工程师提供新途径来研究铸造过程,使他们有机会看到型腔内所发生的情况,从而产生新的设计方案。AnyCasting 可进行如下预测分析。

1)缩孔、裂纹。

2)卷气、冲砂。

3)冷隔、浇不足。

4)应力、变形。

5)模具寿命。

6)工艺开发及可重复性能。

6.1.3 分析模块

(1)传热分析模块 该模块进行传热计算,包含 AnyCasting 所有前后处理功能。传热包括热传导、热对流、热辐射。AnyCasting 的前处理用于准确设定各种已知的铸造工艺的边界条件和初始条件。铸造的物理过程就是通过这些初始条件和边界条件为计算机系统所认知的。边界条件可以是常数,或者是时间或温度的函数。AnyCasting 配备了功能强大而灵活的后处理功能,可以显示温度、压力和速度场。

(2)流动分析模块 流动分析模块可以模拟所有包括充型在内的液体和固体的流动效应。AnyCasting 通过完全的 Navier-Stocks 流动方程对流体流动和传热进行耦合计算。该模块还包括非牛顿流体的分析计算,流动分析可以模拟紊流、触变行为及多孔介质流动(过滤网)。

(3)热应力分析模块 该模块可进行

完整热、流场和应力的耦合计算，可显示由于铸件局部温度过高，进而影响铸件的冷却时间。复杂结构的铸件厚大处，易产生热节。由于热节的影响，铸件最后凝固的地方易出现缩松、缩孔等缺陷。

（4）卷气分析模块　该模块利用液态金属充型过程中气体的卷入量，模拟铸件中气孔出现的可能性，它可以显示随着充型时间的延长，铸件中气孔的含量。

6.1.4　系统框架

AnyCasting 软件分为四大模块，分别为 anyPRE（前处理模块）、anyPOST（后处理模块）、anySOLVER（求解器模块）和 anyDBASE（数据库模块），操作界面如图 6.1 所示。

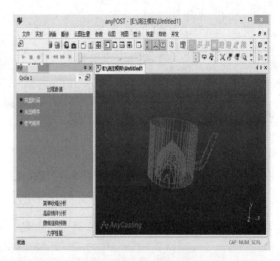

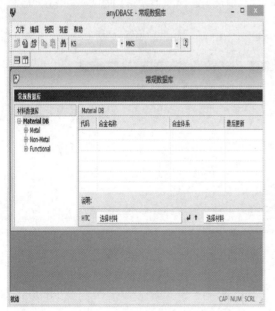

图　6.1

（1）anyPRE　anyPRE 是 AnyCasting 前处理模块，主要有以下功能。

1）强大的模型处理功能。

2）增强的显示图形质量。

3）强大的材料数据库定义界面，包括数据管理、修改工具。

4）保温材料的定义功能。

5）简单的虚拟模具定义及界面换热系数⊖的定义。

6）预设了多种基本铸造运行参数的设置模板，便于使用。

（2）anySOLVER　anySOLVER 求解器保存生成的网格数据和结果文件，有处理大于 2GB 文件的能力。

（3）anyPOST　anyPOST 作为 AnyCasting 后处理器，通过读取 anySOLVER 中生成的网格数据和结果文件在屏幕输出结果。

通过 anyPOST，观察充型时间、凝固时间、轮廓（温度、压力）和速度的二维和三维矢量，也可以用传感器的计算结果来创建曲线图。这个程序具备动画功能，即把计算结果编辑成播放文件，通过结果合并功能来观察各种二维或三维的凝固缺陷。另外，相关的资料可以被保存成新的文件用于将来的复试。

（4）anyDBASE　anyDBASE 作为一个能概括铸造成型过程中熔体、模具和其他材料性能的数据库管理程序，主要分为常规数据库和用户数据库。常规数据库提供了符合国际标准的常用材料性能，而用户数据库使用户能保存和管理修改的数据或附加的数据。另外，它还提供每种材料的传热系数，提高了程序的方便性。

6.2　AnyCasting 与 SOLIDWORKS、Pro/E 三维造型软件的对接

将用 SOLIDWORKS、Pro/E 造完型的铸件按照文件→保存→保存副本→保存 STL 格式的路径保存，以备 AnyCasting 软件导入，进行模拟仿真计算，如图 6.2 所示。

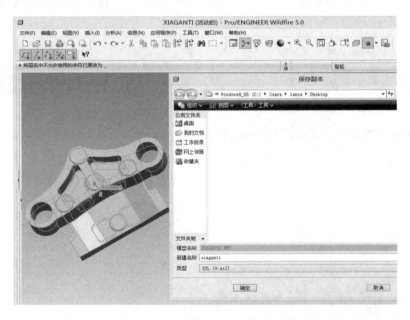

图　6.2

⊖　标准名称为"表面传热系数"，为与软件一致，本书仍使用"界面换热系数"。——编者注

6.3　AnyCasting 的前处理

anyPRE 的操作是整个仿真过程中最为重要的部分，包括两个要点：设置界面热交换条件和浇口设置。

仿真流程：文件→导入 STL 文件→设置实体→设置铸型→设置求解域→划分网格（分为划分均匀网格和划分可变网格）→任务设定→材料设置→初边值条件设置→界面换热条件设置→浇口条件设置→重力设置→可选模块的选择→设置仪器（传感器、管道、浇口杯、浇口塞、升液管）→求解条件→保存文件→运行求解。

本节的重点在于划分网格、设置浇口条件、设置热交换条件等，难点在于划分可变网格。

6.3.1　导入 STL 文件

导入 STL 文件如图 6.3 所示，导入文件后的界面如图 6.4 所示。

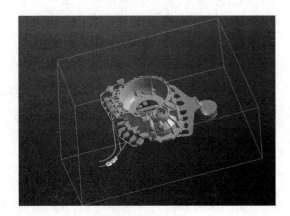

图　6.3

图　6.4

6.3.2　设置实体格式

为了建立网格或输入仿真条件，必须给所有实体赋予属性，即确定各个部分在铸造中的名称和作用，如浇口、浇道、型腔、沙箱等，如图 6.5 所示。实体的中英文名称对照见表 6.1。

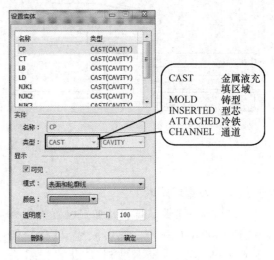

图　6.5

表 6.1　实体的中英文名称对照

英 文 名 称	中 文 名 称
CAST	金属液填满的区域
CAVITY	型腔
INGATE	内浇口
OVERFLOW	溢流槽
POURING_BASIN	浇口杯
STOPPER	塞子
FEEDER	冒口
GATE	浇口
RUNNER	浇道
SLEEVE	套筒
FILTER	过滤网
STALK	柱、型芯骨架
MOLD	模具
INSERTED	型芯
ATTACHED	冷铁
CHANNEL	冷却或加热通道

6.3.3　设置铸型

铸型的设置内容如图 6.6 所示。

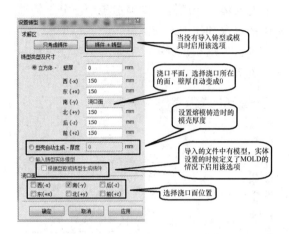

图　6.6

6.3.4　设置求解域

求解域一般默认即可，如果设置为对称就输入相应的比率值，如 0.5、0.25 等，如图 6.7 所示。一般不做对称设置，因为 AnyCasting 的求解速度非常快，设置对称后，在后处理时不能恢复为完整的铸件，不利于分析评估。

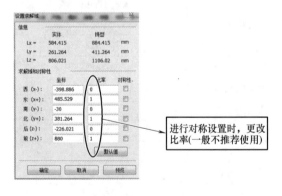

图　6.7

6.3.5　网格划分

网格划分包括划分均匀网格、划分可变网格两部分。其中划分可变网格是难点。

（1）划分均匀网格　将选定区域划分成一定尺寸的网格。输入各个区域的值，如图 6.8 所示，并单击"应用"按钮或按

图　6.8

< Enter >键，优化的网格尺寸将被显示出来。

常见网格划分方案包括在区域内设置总的网格数；向上或向下拖动右边的滑动条，或直接输入值；设置沿每个轴向的网格数；设置立方体的单元尺寸；设置沿 X，Y，Z 轴方向的尺寸。

（2）划分可变网格　单击划分可变网格后，可以看到砂箱、浇注系统、型腔的轮廓上显示有白点。首先选择"轴"，先选择哪一个不重要，因为在划分可变网格的过程中每一个轴向都要进行划分；选择完轴以后，按下 < Space >键，光标变成十字形，选中两个白点之间的区域就是一个块，系统自动识别块起始点和终止点在轴向上的坐标（块的起始点必须小于块的终止点），选中两个点以后，输入要划分的数量，在一个轴向上的各个块之间没有间隙，要包括砂箱的起点和终点；在输入要划分的网格数量之后，用鼠标左键单击"设置"按钮，再用左键单击"自动过渡"按钮，就完成了一个轴向的划分，如图 6.9 所示。在求解域的其他两个轴向重复这种划分，完成网格划分。

用同样的方法对 Y 轴和 Z 轴方向进行网格划分，如图 6.10 ~ 图 6.12 所示。

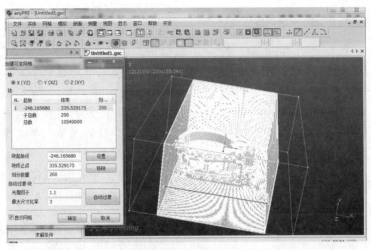

图 6.9

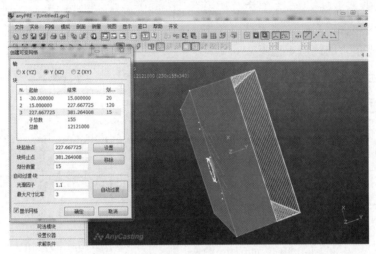

图 6.10

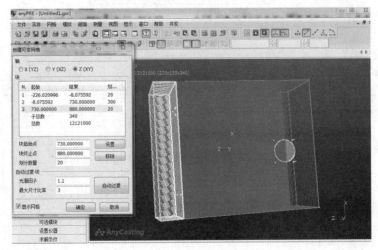

图 6.11

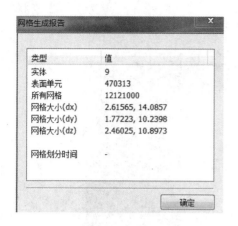

图　6.12

6.3.6　任务设定

（1）选择铸造方法　铸造工艺分组分为四组，各组内包含不同的铸造工艺。铸造工艺分组及各组包含的铸造工艺见表6.2。

表 6.2　铸造工艺分组及各组包含的铸造工艺

非金属型铸造	金属型铸造	压力型铸造	特殊类铸造
砂型铸造、熔模铸造	金属型铸造、重力倾转铸造	高压铸造、低压铸造、真空压铸、挤压铸造、半固态压铸	离心铸造、电渣熔铸

（2）选择分析类型　选择常用充型过程（考虑传热）及凝固过程，如图 6.13 所示。

图　6.13

6.3.7　材料设置

双击要赋值的选项直接进入数据库选择材料。选择和更改实体材料的方法如下。

1）在菜单中选择实体。若要选择多个部分，要用到 < Ctrl > 或 < Shift + ← > 键。

2）单击数据库或双击所选实体。

3）在材料选择栏中选择材料。

4）双击材料或在选好材料后单击"确定"按钮，所选实体将被设置，其余性能将自动设置，如图 6.14 所示。

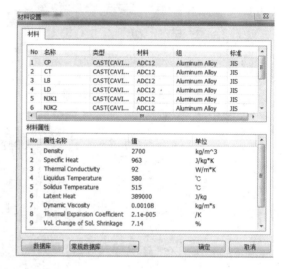

图　6.14

图 6.15 所示左侧方格中的内容为不同的材料类型，在中间上面的方格处可选择不同国家的材料标准，中间下方方格内的内容为左侧方格中所选材料类型的各种牌号的材料，右侧方格中的内容为选中材料的各方面性能。

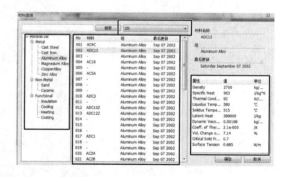

图　6.15

6.3.8 仿真条件设置

（1）初边条件设置　初边条件设置过程如图 6.16 所示。

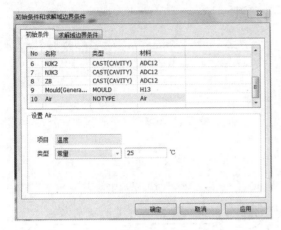

图　6.16

注意浇口杯和铸件的初始温度，在这里设置的温度是浇注温度。模具的初始温度设置为工艺中模具的预热温度，空气的温度可根据浇注时的实际情况设置，一般采用常温 25℃。

（2）界面热交换条件设置　界面热交换系数可以选择默认设置，也可以根据查阅资料得到的热交换系数设置。涂层可以不激活，但此时在设置界面热交换系数时必须考虑涂层对界面热交换系数的影响。单击鼠标左键选中两种实体所在的那一行之后，就可以进行设置了，如图 6.17 和图 6.18 所示。

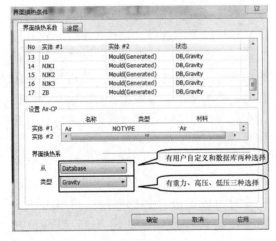

图　6.17

图　6.18

（3）浇口设置　按下 <Space> 键，光标变成十字形，再单击浇口将其选中，此时浇口呈现为黄色，然后设置浇注温度和速度，在高级选项中可以设置浇口面的大小。

如图 6.19 所示，在设置浇口时，可以自定义浇口的名称。充型中的传热条件和充型条件都需要根据工艺类别进行设置。温度和速度两个参数可以设置为常数，也可以设置为变量。设置为变量时，参数与时间或者充型率有关。充型后的传热条件根据工艺类别可以选择正常、绝热、温度、热流四种中的一种。在高级选项的位置可以选择直接浇注，也可单击后面的按钮进行。

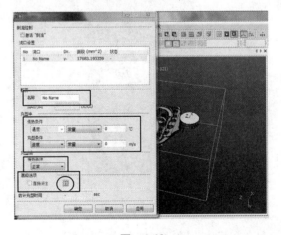

图　6.19

一般当设置充型速度为常量时，充型速

度未知，此时只需要将充型时间作为速度设置，单击"应用"按钮，在估计充型时间处显示的数据就是所需要的充型速度，再进行设置就可以了。

（4）重力设置 根据实际情况选择重力方向，如图 6.20 所示。

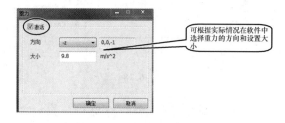

图 6.20

（5）可选模块 可选模块的选择依据是看该模块是否出现在仿真的过程中以及仿真的需要。

如图 6.21 所示，在进行充型过程仿真时可以选择"流体流动模型""氧化/夹渣模型"，凝固过程仿真可以选择"收缩模型"（见图 6.22）、"微观组织模型"和"偏析模型"。当仿真的类型包括充型和凝固时，可以同时激活以上几种类型。

图 6.21

在流体流动模型被激活后，紊流模型有"标准 k-e 模型""RNGk-e 模型""wilcoxs k-e 模型"三种，如图 6.23 所示。对于砂

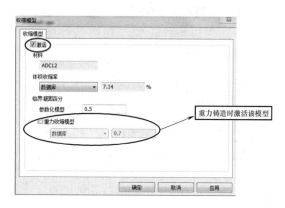

图 6.22

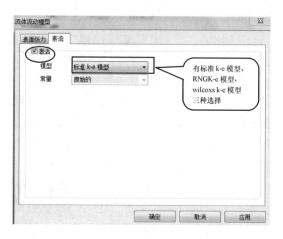

图 6.23

型铸造、压铸、熔模铸造、金属型铸造、离心铸造这五种铸造方法，可根据实际情况选择。

对于可选模块中的模型，可以根据实际仿真模拟的要求选择，选择过多会导致计算缓慢，效率太低，选择太少可能使模拟件计算结果与实际情况差距太大。当进行压铸仿真时，必须激活压室模型，对压室参数进行设置（见图 6.24）。进行离心铸造仿真时必须激活离心铸造模型。

（6）设置仪器 常用的选项是传感器和浇口杯，其他选项可以不用设置，添加传感器时可以单击"传感器"后再单击"添加"按钮直接添加，如图 6.25 和图 6.26所示。

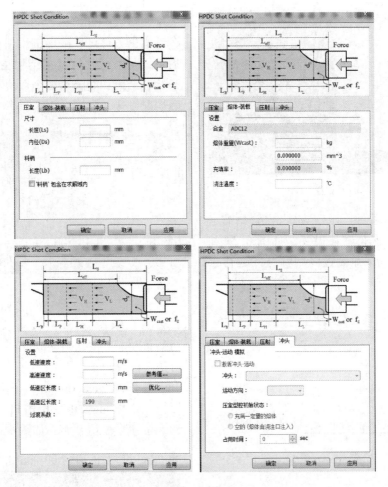

图 6.24

图 6.25

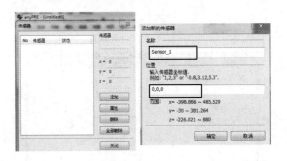

图 6.26

添加传感器有两种方法：第一种是单击传感器后出现图 6.27 中左边的对话框，按 <Space> 键使光标转化为十字形，然后在图上选择要添加传感器的位置即可；第二种是出现图 6.27 中左边的对话框后，单击"添加"按钮后，在右侧又会出现一个对话框，可以在上面的框内输入传感器名称，下面的框内输入传感器的位置坐标，再单击"确定"按钮即可。

图　6.27

（7）求解条件　求解方法、结束/输出条件一般可以保持默认设置，如图 6.28 和图 6.29 所示。保存设置以后就可以运行求解了。

图　6.28

图　6.29

有时为了使运算更快一些，可以改变最大迭代步数。

输出条件可以编辑，添加符合实际情况的系列，也可以使模拟结果更加容易分析。开始、结束和间隔这三个数值都可以根据实际情况设置，如图 6.30 所示。

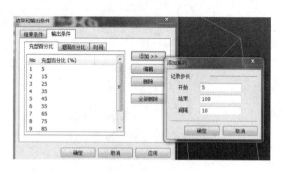

图　6.30

（8）求解运算　保存文件后，单击"运行求解"按钮开始调用 anySOLVER 进行仿真计算。

在 Launching Conditions 中单击"Run"按钮，弹出 anySOLVER 窗口，单击激活的 Start 按钮，模拟开始，如图 6.31 所示。

图　6.31

6.4　AnyCasting 的后处理

anyPOST 处理由 anySOLVER 创建的仿真结果，通过执行 *.rlt 类型文件（文件包含默认设置信息）开始工作。在开始运行前从结果文件夹（current folder/*Project Name_ Res*）中选择 ∗.rlt 类型文件。依据 ∗.rlt 类型文件的内容信息，anyPOST 显示出所有可用文件，包括提供查看基础结果的功能，如填充时间、凝固时间、等高线（温度、压力）、速度的二维和三维矢量以及创建基于传感结果的曲线图。各种凝固缺陷也可以通过结果组合功能用二维和三维的方式检查。anyPOST 界面如图 6.32 所示。

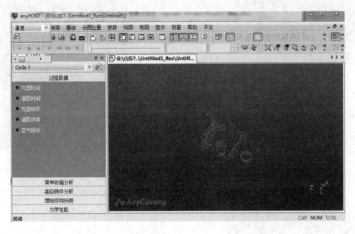

图　6.32

6.4.1　一般工具及标题栏

（1）使用鼠标的基本方法

1）旋转。单击鼠标左键并拖动对象。

2）移动。单击鼠标中键并拖动对象或同时按 <Ctrl> 键和鼠标左键并拖动对象。

3）放大/放小。用鼠标滚轮或按 <Shift> + 鼠标左键并拖动对象。

（2）观察剖面　激活剖面后，移动鼠标指针到面域，面域将变成黄色，选择面域，按住鼠标左键不放，移动剖面到适当的位置。如果选择更换剖面，可以在剖面下拉菜单（见图 6.33）中重新选择。

图　6.33

（3）播放工具栏　播放工具栏如图 6.34 所示。前面七个键的含义从左到右依次为播放、停止、录制、第一步、上一步、下一步、最后一步。

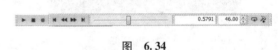

图　6.34

最后面两个图标的含义从左往右依次为循环播放、播放选项。

6.4.2　观察结果

（1）最终结果分析　anyPOST 显示最终结果、进程结果、传感器等，如图 6.35 所示。在最终结果类型中，可以确认在整个仿真进程中的每个网格点的属性变化。在整个过程之中，可以观察充型时间、凝固时间、等高线（温度、压力）和速度的二维和三

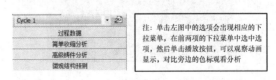

图　6.35

维矢量，如图 6.36 所示。

图 6.36

1）充型时间：可以连续观察充型时间，可以看到在不同时间溶液在型腔中的温度场变化，在充型过程中运用到反向轮廓时只可以连续观察未填充区域，如图 6.37 所示。

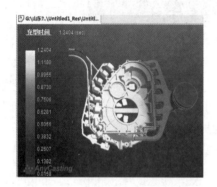

图 6.37

2）凝固时间：可以连续观察凝固时间，可以看到不同时间铸件不同位置的凝固状态和温度场变化，在凝固过程运用反向轮廓时可以连续观察剩余金属液，如图 6.38 所示。

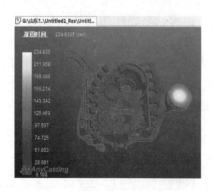

图 6.38

3）充型顺序：可以连续观察充型顺序，与充型时间有相同的规律，不过其展示充型顺序更详细，特别是在自由表面波动的情况下用处极大，如图 6.39 所示。

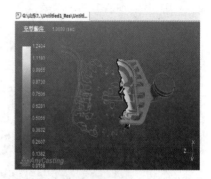

图 6.39

4）凝固顺序：可以连续观察凝固过程，与凝固时间有相同的规律，可以看到铸件不同位置的凝固先后顺序，如图 6.40 所示。

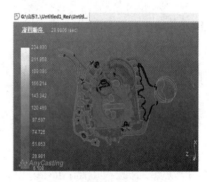

图 6.40

5）卷气顺序：和充型过程相反，主要观察充型时，溶液是否被空气隔开，从而使溶液中卷气，如图 6.41 所示。

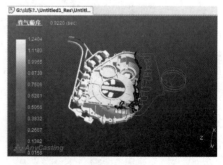

图 6.41

（2）简单收缩分析　"简单收缩分析"　片如图 6.43 所示。
下拉菜单如图 6.42 所示，简单收缩分析图

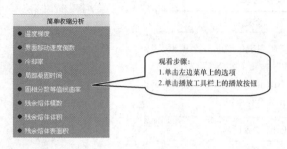

图　6.42

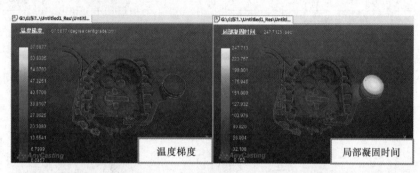
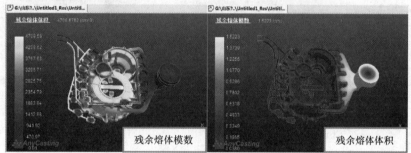

图　6.43

（3）其他分析

1）组合缺陷参数。设置组合缺陷参数，由一种参数或两种基础参数组成。

单击图 6.44 所示高级铸件分析子菜单中的"组合缺陷参数"，显示界面如图 6.45所示。

图　6.44

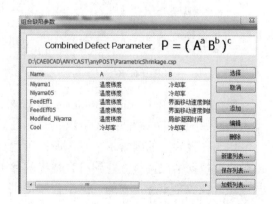

图　6.45

界面右侧按钮含义见表6.3。

表6.3　按钮含义

按钮	含义
选择	在给出的模型列表中单击一个模型，再单击"选择"按钮，组合参数将以图形形式显示。Niyama 模型和 Feeding Efficiency 模型被作为弃权假定
取消	选择并返回到原始界面
添加	根据算法添加新参数到列表中
编辑	编辑当前参数（根据算法）
删除	在列表中删除所选参数
新建列表	在列表中新建所有参数
保存列表	以文件形式保存列表中的所有参数
加载列表	从文件中加载参数

单击"添加"按钮弹出图6.46所示对话框。

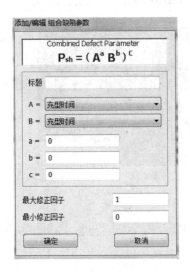

图　6.46

Niyama 模型和 Feeding Efficiency 模型的编辑语法如图6.47和图6.48所示。

因为导致收缩的因素不唯一，所以预测参数也要根据情况调整。找到符合情况的参数或组合参数是十分重要的。这个程序提供了多种基础参数并可用它们进行自由组合。

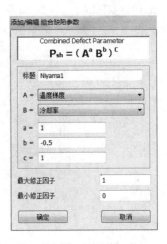

图　6.47

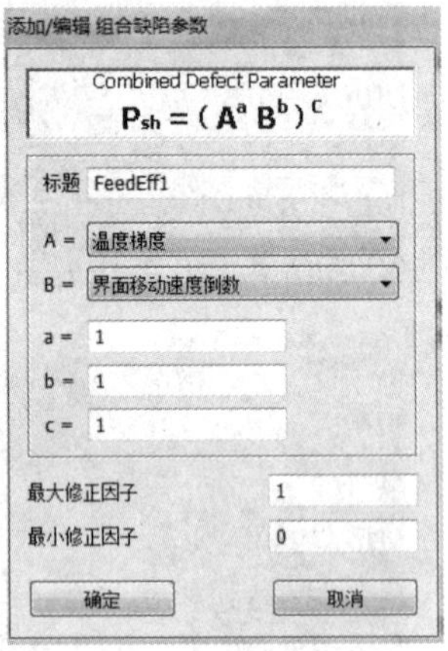

图　6.48

2）概率缺陷参数。这个模型从基础或组合参数中统计地估计参数，从而观察到收缩关联的危险区域。

单击高级铸件分析子菜单中的"概率缺陷参数"，显示界面如图6.49所示。

3）微观结构预测。SDSA（二次枝晶臂间距）由粗化模型确定，用户界面如图6.50所示。

4）查看传感器结果。安装在 anyPRE 中的传感器可以通过 anySOLVER 和 anyPOST 呈现温度、速度和压力值。传感器窗口如图6.51所示。

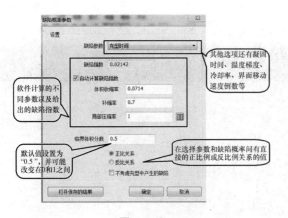

图　6.49

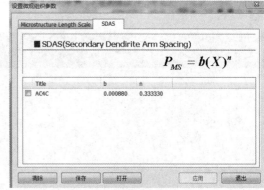

图　6.50

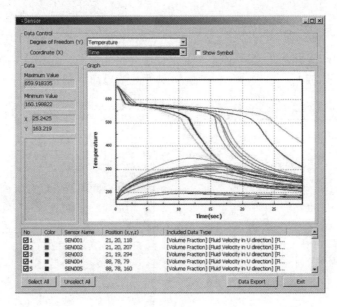

图　6.51

6.5　思考题

1）列举常用的铸造仿真软件及其所使用的数值方法。

2）AnyCasting 主要由几部分组成？简述每部分的作用和功能。

3）简述使用 AnyCasting 进行铸造仿真的流程。

4）简述 AnyCasting 自动划分网格和手动划分网格的区别和各自的优缺点。

5）列举 AnyCasting 所支持的仿真铸造工艺和分析类型。

6）什么是界面换热系数？通常情况下，金属型铸造和砂型铸造的界面换热系数是多少？

7）如何测定界面换热系数？

第7章

铸造工艺模拟实例

7.1 前处理模块/参数的设定

在应用 AnyCasting 进行数值模拟时，需设置的主要参数见表 7.1。

表 7.1 模拟需设置的主要参数

界面换热系数 /[W/(m² · K)]	材质选择	浇注温度 /℃	浇注时间 /s	重力加速度 /(m/s²)
砂芯与铸件 500 砂芯与铸型 600 砂芯与空气 5 铸件与空气 5 铸型与空气 5 铸件与铸型 2200	砂芯采用树脂砂，金属型采用 4Cr5MoSiV1，铸件采用 A03560①	740	8.9	9.8
		金属型预热温度		网格划分
		200℃		5,000,000

① 美国牌号，相当于我国的 ZAlSi7Mg（ZL101）。

以下是详细操作步骤：

1）将绘制好的三维模型文件保存为 STL 格式，导入 anyPRE 中。导入时可一次选中多个文件，如图 7.1 所示。导入 STL 文件后的界面如图 7.2 所示。

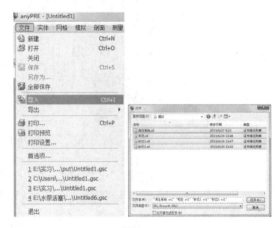

图 7.1

图 7.2

2）设置实体，如图 7.3 所示。设置完　　后单击"确定"按钮。

图　7.3

3）设置铸型，"浇口面"选择"－Z"，　　如图 7.4 所示。

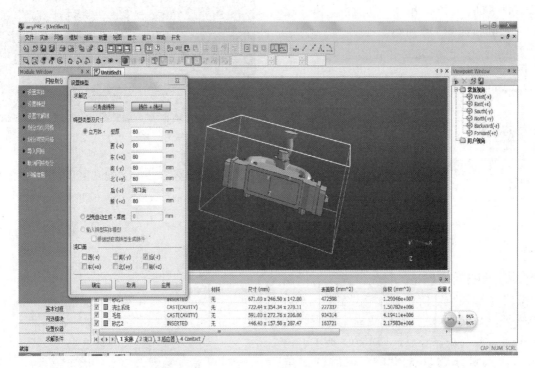

图　7.4

4）设置求解域。求解域一般保持默认　　设置，界面如图 7.5 所示。

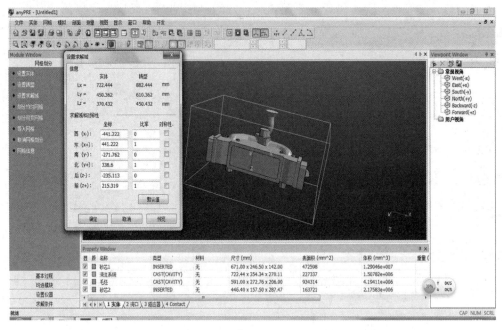

图 7.5

5）划分均匀网格，输入总网格数 "5,000,000"，依次单击"应用"和"确定"按钮，如图 7.6 所示。

图 7.6

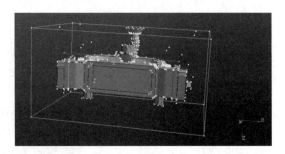

图 7.7

6）划分可变网格。首先设置 X 方向网格。将光标移至空白界面，单击左键，然后按一下 < Space > 键，光标变为十字形，选中块起始点与块终止点，如图 7.7 所示。

输入划分数量"200"，然后依次单击"设置""自动过渡"按钮，如图 7.8 所示。

划分好的 X 方向网格如图 7.9 所示。

图 7.8

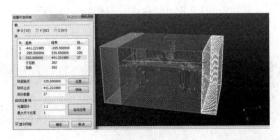

图　7.9

图　7.10

按照同样的方法设置 Y 方向和 Z 方向的网格。最终可变网格示意图如图 7.10 所示。

7）单击"基本过程"选项，首先进行任务设定，设定后依次单击"应用""确定"按钮，如图 7.11 所示。

图　7.11

8）材料设置。双击砂芯1，弹出图 7.12

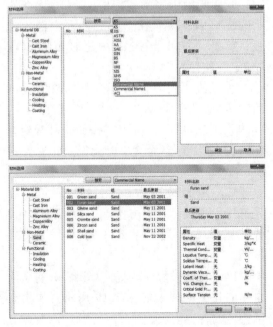

图　7.12

所示对话框。将标准选为"Commercial Name"，单击"sand"选项，选择"Furan sand"。

按照同样方法设置其他部分的材料，如图 7.13 所示。

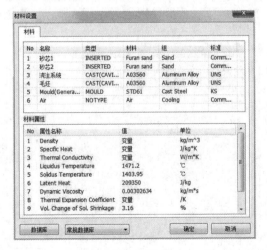

图　7.13

9）初边值条件。单击"浇注系统"选项，温度设定为740℃；单击"MOULD"选项，温度设定为200℃，如图7.14所示。

图　7.14

10）界面换热系数。首先选择"User define"，然后在"Constant"文本框输入"5"，如图7.15所示。

当使用的材料为数据库中的标准材质时，可直接默认选择数据库中的界面换热系数。但当材质发生变化时，如合金成分稍有改变，为使模拟结果更接近实际，需通过实验准确测定界面换热系数，并将此数值输入到上述"User define"处。

按照同样方法设定完所有界面换热系数后，进入下一步骤。

11）浇口设置。单击"浇口条件"按钮，将鼠标移至空白处，按一下＜Space＞键，光标变为十字形，选中图7.16上图所示的浇口面，然后在下图对话框中输入参数，单击"应用"按钮（此时不要单击"确定"按钮）。

将"估计充型时间"栏里的数值复制后输入到"充型条件"栏，替换原来的"8.9"，然后单击"应用"按钮，可看到充型时间栏数值变为"0.0788"，如图7.17所示。

12）重力设置。如图7.18所示，首先选中"激活"复选按钮，激活重力条件，选择方向为"－Z"，单击"确定"按钮。

13）可选模块。这里简单讲解如何激活常用的几个模块。如图7.19所示，依次激活相应的各个模块。

图　7.15

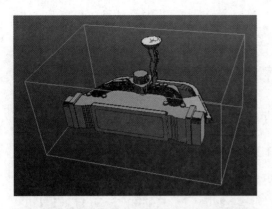

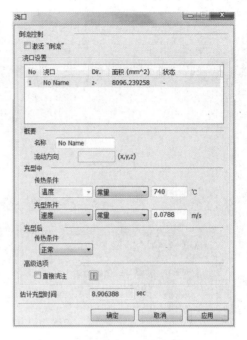

图 7.17

图 7.16

图 7.18

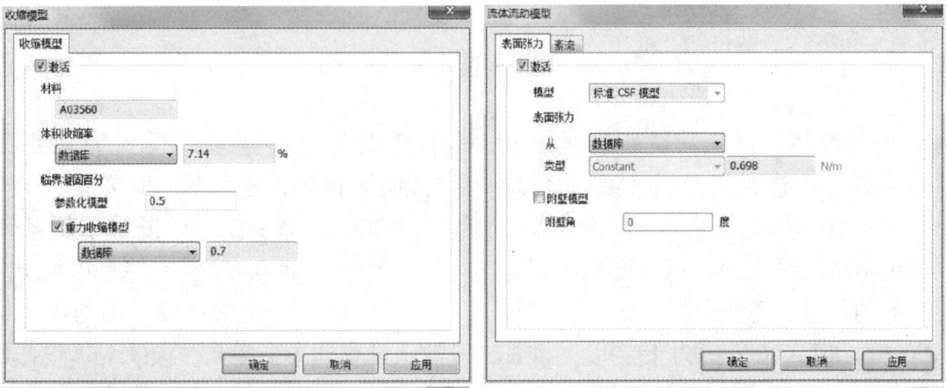

图 7.19

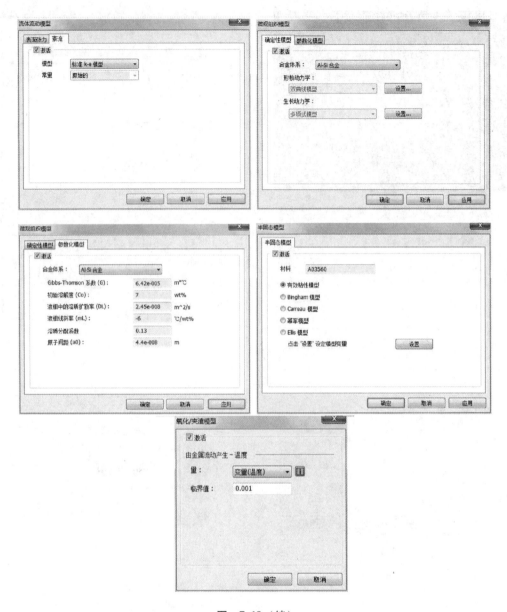

图 7.19（续）

14）设置仪器。这里只讲解怎样放置传感器。单击"传感器"，出现传感器设置界面，如图 7.20 所示。

界面中出现一个平面，拖动该平面至需设置传感器的位置，单击鼠标左键，然后按一下 < Space > 键，光标变为十字形，将其移至相应位置，单击鼠标左键，出现一个小圆球即传感器。如图 7.21 所示，图中所有小黑点都是传感器。设置完成后，单击"关闭"按钮，进入下一步操作。

15）求解条件。单击"求解条件"选项，出现"求解方法""结束/输出条件""运行求解"三个对话框，前两项一般保持默认设置即可。单击"运行求解"，设定存储目录，保存文件，如图 7.22 所示。

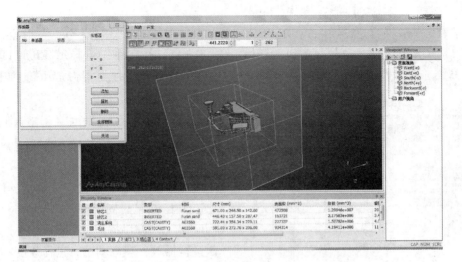

图 7.20

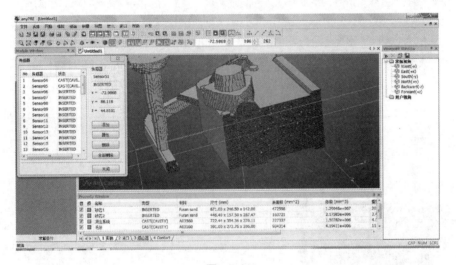

图 7.21

图 7.22

16）运行求解。文件保存完毕，单击"运行求解"，系统自动调出 anySOLVER，如图 7.23 所示。单击"确定"按钮，开始运算求解。

图 7.23

7.2 后处理/模拟结果分析

1）打开文件（anySOLVER 计算得出的结果文件），文件类型为"rlt"，如图 7.24 所示。

2）单击工具栏中的"构造实形" 按钮，使其形状更加规则，图形清晰，易于结果分析，如图 7.25 所示。

单击"过程数据"下拉菜单，依次有："充型时间""凝固时间""充型顺序""凝固顺序""卷气顺序"等模拟结果选项，依次进行播放，观察动画，进行速度→温度→应力分析。

3）单击"充型时间"选项，出现充型时间图形，可以清楚地连续观察未填充区，如图 7.26 所示。

4）可以通过播放工具栏调节时间观察某一时刻的充型结果，如图 7.27 所示。

图 7.24

5）单击"凝固时间"选项，出现凝固时间图，在凝固过程中运用反向轮廓时可以连续观察剩余金属液。通过移动"前进"按钮，观察铸件各个部分的凝固时间。温度最高处，最后凝固，图 7.28 中黄色区域为温度最高处。

6）单击"充型顺序"选项，观察铸件充型顺序，避免出现断流、湍流以及浇不足

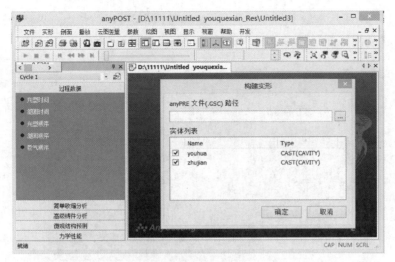

图　7.25

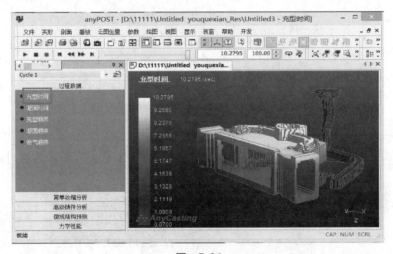

图　7.26

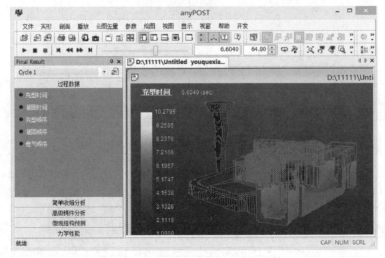

图　7.27

等缺陷, 如图 7.29 所示。

7) 单击"凝固顺序"选项, 出现凝固

顺序图, 可以清楚地看见整个铸件温度场分布, 如图 7.30 所示。

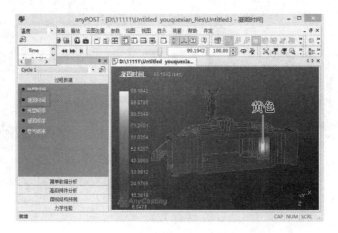

图 7.28

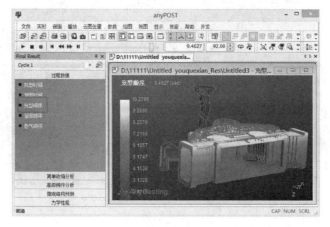

图 7.29

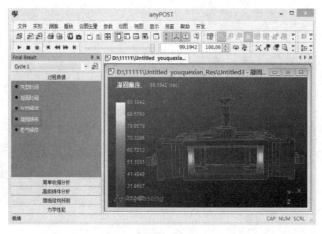

图 7.30

8）在菜单栏选择"剖面"命令，单击"激活剖面"按钮，分别选择 YZ 剖面、XZ 剖面、XY 剖面，利用剖面，可以看见铸件不同截面的温度场分布，如图 7.31 所示。

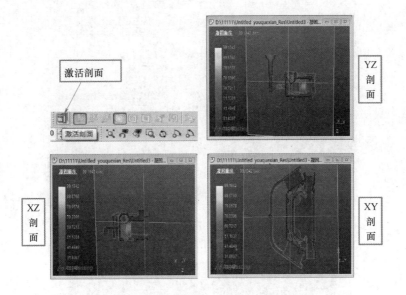

图　7.31

9）单击"卷气顺序"选项，观察整个铸件的卷气顺序，憋气处易出现气孔缺陷，如图 7.32 所示。

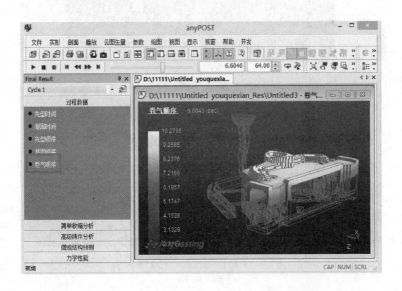

图　7.32

10）选择"高级铸件分析"选项，在下拉栏选择"概率缺陷参数"，然后选取残余熔体体积进行分析，如图 7.33 所示。选取两组剖面，对铸件内部残余熔体进行分析，圆圈内为残余熔体，如图 7.34 所示。

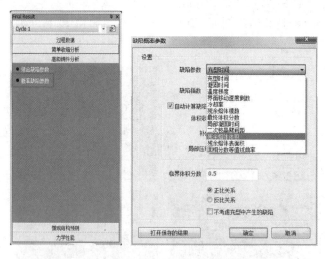

图 7.33

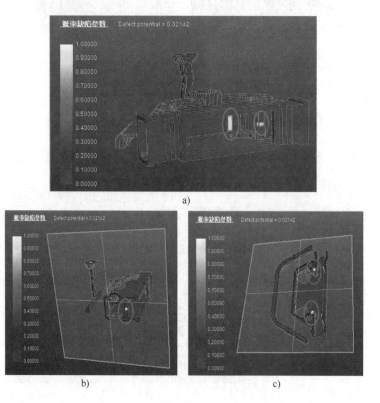

图 7.34

7.3 工艺改进

根据以上模拟结果可知, 残余熔体对应的铸件部位形成缩松、缩孔的概率比较大, 因此必须采取工艺消除此处缺陷。改进工艺为: 在圆柱凸台设置冒口, 进行模拟, 分析结果。

前处理过程包括参数的设置，与 7.1 节所述过程相同，下面主要讲述模拟结果的分析，探讨改进后的工艺能否较好地改变铸件的凝固顺序，并消除上述残余熔体缺陷。

工艺改进后的凝固顺序如图 7.35 所示。

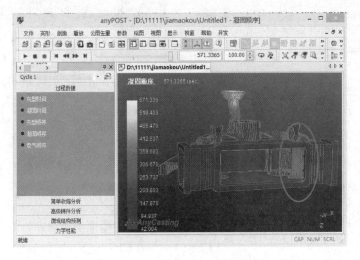

图　7.35

与原工艺相比，图 7.35 中圆圈标出部位的凝固顺序得到明显改善，不再是最后凝固的部位，因此，出现缺陷的概率较原工艺小。选取两组剖面，对其残余熔体体积进行观察，如图 7.36 所示。可以看出，残余熔体明显减少，但仍少量存在，会影响铸件质量，因此，需进一步探讨更优工艺，最大限度消除该部位残余熔体，确保铸件质量。

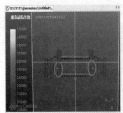

图　7.36

7.4 工艺优化

改进工艺取得了较好效果，但根据残余熔体分析，冒口的补缩效率不足，为了进一步提高冒口补缩效率，采取优化工艺再次进行模拟分析。优化工艺为：在圆柱凸台设置保温冒口，进行模拟，分析结果。

7.4.1 保温冒口设置方法

1）用三维造型软件绘制出保温冒口模型（图中圆圈部分），保存为 STL 格式，导入到 anyPRE 中，如图 7.37 所示。

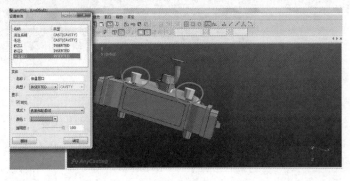

图　7.37

2）保温冒口材料设置。按照 7.1 节讲述的材料设置方法，将保温冒口材料设置为 Heating 类别中的 Hot box，如图 7.38 所示。

图　7.38

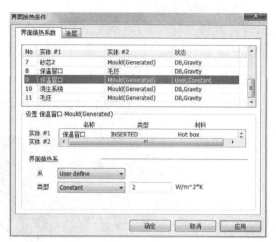

图　7.39

3）界面换热条件设置。将保温冒口与毛坯、保温冒口与铸型之间的界面换热系数均设定为 $2W/(m^2 \cdot K)$，如图 7.39 所示。

其他参数设定过程与第一次模拟时设定的各个参数相同，这里不再赘述。

需要注意的是，以上各个参数未经过准确测定，只是选取了一个经验数值，实际生产中应该对各参数进行试验准确测定。

7.4.2　模拟结果分析

以上工艺的改进与优化主要改变了铸件的凝固顺序，浇注系统未发生变化，因此工艺的改进与优化对金属液的充型不会产生影响。在分析模拟结果时，重点观察铸件的凝固顺序，并进一步分析铸件的内部缺陷。

优化工艺的凝固顺序如图 7.40 所示。

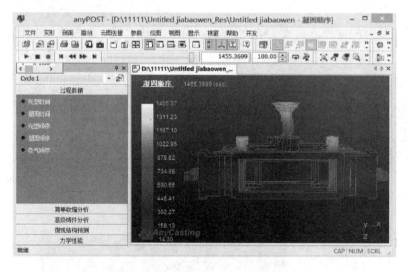

图　7.40

可以看出，铸件最后凝固的部位转移至保温冒口和浇口杯中，说明该工艺能进一步提高铸件质量。选取两组剖面对其内部进行残余熔体体积分析，结果如图 7.41 所示，可以看出铸件残余熔体基本得到消除。

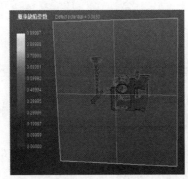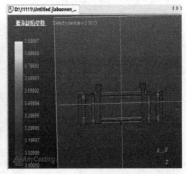

图 7.41

7.5 思考题

1）对同一工件分别使用 Procast 和 AnyCasting 进行铸造仿真，比较其结果的异同。

2）什么是局部凝固时间？局部凝固时间这一参数对铸件的成型、组织和性能有什么影响？

3）列举常用的缺陷判据，并简述其使用条件。

4）请根据糊状区枝晶生长理论和渗流补缩理论推导 Niyama 判据，并判断 Niyama 判据能否用于铝合金铸件的缺陷预测。

5）任选书中实例，使用 AnyCasting 进行铸造模拟仿真。

第 4 篇
工艺设计与优化实例

主要内容:

教学目标:

　　本篇主要通过活塞、管件这两个实例,全面叙述了铸造工艺的设计过程,并通过数值模拟进行工艺的验证和优化。通过本篇的学习,读者能全面掌握利用计算机辅助技术进行铸造工艺设计及改进的思路,初步具备铸造工艺设计的能力。

第8章

活塞的铸造工艺设计与优化实例

本章重点：
➤ 铸件毛坯、浇注系统和冒口的设计
➤ 基于 AnyCasting 数值模拟与优化

8.1 铸件毛坯、浇注系统和冒口的设计

8.1.1 铸件基本信息

零件名称：汽油机的活塞铸件。

零件材料：ZL109。

产品生产方式：大批量生产。

壁厚：3.5mm。

重量：266g±3g。

最小壁厚：3.5mm。

发动机结构特点：直列四缸、水冷、双顶置凸轮轴、16 气门、排量为 1.8L、最大功率为 98kW、最大扭矩为 168N·m。发动机活塞的主要尺寸见表 8.1。

表8.1 发动机活塞的主要尺寸

（单位：mm）

总高	压缩高	销孔直径	外圆直径	内挡距	活塞销偏置距离	销孔座外端面距离
51.7	32.2	29	79	21.5	0.6	54

8.1.2 零件三维造型

根据厂家提供的二维图样，通过 SOLID-WORKS 软件进行三维造型，如图 8.1 ~ 图 8.3 所示（图中红色面为需要添加机械加工余量的工件面）。

8.1.3 铸件毛坯三维造型

将零件添加上机械加工余量，将不需要铸出的孔进行填充，就完成了铸件毛坯三维

图 8.1

图 8.2

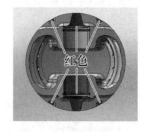

图 8.3

造型，如图 8.4 ~ 图 8.6 所示。

8.1.4 浇注系统和冒口的设计

通过查阅铸造手册选择浇注系统和冒口的类型，通过相关的计算可得此活塞的浇注系统和冒口的三维示意图如图 8.7 所示。

图　8.4

图　8.5

图　8.6

图　8.7

8.2　基于 AnyCasting 的数值模拟

将所设计的毛坯、浇注系统和冒口三维模型保存为 STL 格式，为基于 AnyCasting 的数值模拟做必要的准备。

（1）AnyCasting 中的建模　将所设计的毛坯、浇注系统和冒口保存成 STL 格式导入到 AnyCasting，如图 8.8 所示。

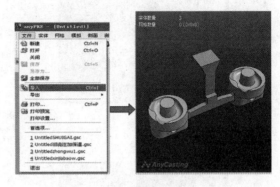

图　8.8

（2）设定相应参数　根据前几章对于AnyCasting 的介绍，按照所讲的步骤，设定相应参数。参数设置见表 8.2。

表 8.2　参数设置

项　　　目	铸型（外模、内模、顶模、定位套）	铸件
材料	4Cr5MoSiV1	ZL109
预热温度/℃	300	760
空气对固体的传热系数/[W/(m²·K)]	5	5
铸件对金属的传热系数/[W/(m²·K)]	3000	3000
充型时间：8s	充型速度：0.032702m/s	
任务设定：重力金属型铸造	分析类型：充型及凝固过程（考虑传热）	
均匀网格数：1,000,000	体积收缩率：7.14%	

（3）方案一的充型及凝固　浇注时间为 8s，其充型和凝固程度随温度的变化过程如图 8.9 ～图 8.16 所示。

由于浇注时间设置为 8s，浇注速度为0.032702m/s，每秒注入的金属液的质量速度为（942.34g/8s = 117.793g/s，浇注时间长，注入的金属液较少，因而在浇注过程中出现断流，进而出现了卷气，充型不平稳，还加速了氧化和夹杂的产生，造成宏观和金

图　8.9

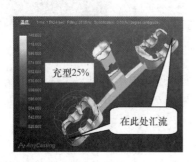

图　8.10

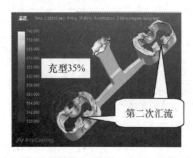

图　8.11

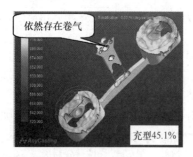

图　8.12

图　8.13

图　8.14

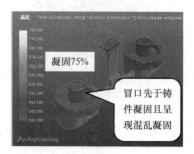

图　8.15

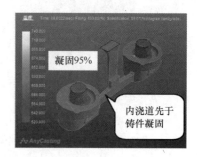

图　8.16

相不合格等缺陷，缝隙式的内浇道所呈现的顺序凝固被破坏，冒口先于铸件凝固，没有起到很好的补缩作用，会造成顶部厚大的热节处最后凝固，存在缩松、缩孔等缺陷。

（4）方案二的充型及凝固　为避免这种情况，将浇注时间设定为 4s，调整内浇道截面尺寸为 15mm×8mm，再进行模拟。

（5）方案二与方案一的充型过程对比分析　方案二与方案一的充型过程对比如图 8.17 所示。从方案二和方案一的充型程度随温度的变化在相同的四个阶段对比可以看

出，将浇注时间和内浇道尺寸调整后，浇注速度为 0.057875m/s，每秒注入的金属液的质量速度为 942.34g/4s＝235.585g/s，缩短了浇注时间，浇注时不再呈现断流状态和卷气，减少了氧化夹杂的产生，充型趋于平稳。

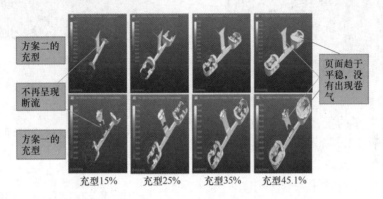

图　8.17

（6）方案二和方案一的凝固过程对比分析　方案二和方案一的凝固过程对比如图 8.18 所示。从方案二和方案一凝固程度随温度变化过程的对比可知，浇注不再出现断流之后，缝隙式的浇注系统使得凝固开始呈现顺序凝固，但是与金属型壁相接触的铸件

外壁冷却速度较快，不利于铸件的整体顺序凝固，浇注系统的内浇道先于铸件凝固，不利于铸件的补缩，铸件顶部呈现混乱凝固，会出现缩孔、缩松，冒口依然先于铸件凝固，补缩不到位。

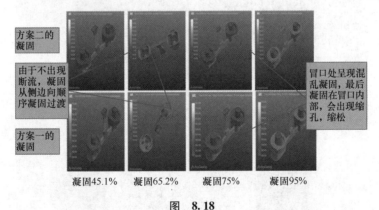

图　8.18

以上因素会给铸件的宏观和微观以及性能带来隐患，所以在方案二的基础上提出改进方案，改进措施为加保温冒口，在内浇道处加保温材料，在铸件与金属型相接触的外

圆加保温材料，进行方案三的模拟。

8.3　优化方案

（1）保温材料的放置（图中黄色物体）

239

保温材料的放置位置如图8.19和图8.20所示。

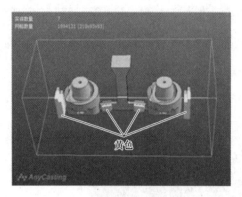

图　8.19

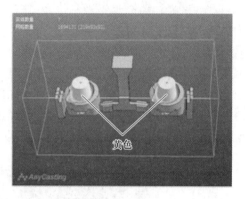

图　8.20

（2）改进方案的凝固过程　改进方案的凝固过程如图8.21所示。从以上四个凝固阶段分析可知：在内浇道处添加保温材料，从凝固45%时的图中对比看出，内浇道不再先于铸件凝固，而是随着铸件顺序凝固；在铸件与金属型相接触的外圆添加保温材料，铸件外圆不再先冷却，而是由凝固65.2%时图中所示呈现由下至上的顺序凝固；通过添加保温冒口，调整了铸件整体的凝固顺序，使得冒口最后凝固，将缩松、缩孔集中到冒口，保证所铸铸件的质量和性能。

综上所述，在模具加上相应保温材料可以实现铸造工艺的优化，放置位置如图8.22所示。

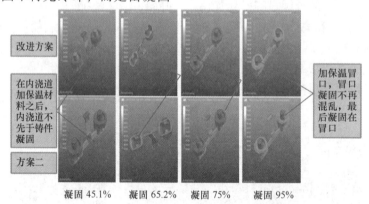

图　8.21

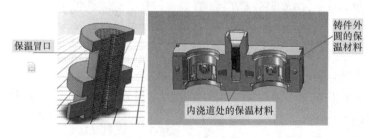

图　8.22

第9章

管件的铸造工艺设计与优化实例

本章重点：

➤ 实际铸件工艺设计过程与优化过程

9.1　零件基本信息

零件名称：某型管件。

零件材料：ZG 230-450。

产品生产方式：小批量生产。

结构特点：法兰处厚大，管壁较薄，小型件。

管件三维示意图如图 9.1 所示。

图　9.1

9.2　毛坯与铸造工艺

查阅铸造手册，确定铸造参数，运用三维软件生成毛坯图，如图 9.2 所示。依照铸造工艺准则，查阅手册，初步设计出管件的铸造工艺模型，如图 9.3 所示。

图　9.2

图　9.3

9.3　基于 AnyCasting 的模拟辅助生产过程

9.3.1　方案模拟参数设置

（1）网格划分　采用均匀网格划分法。经多次划分比较，铸件网格数量设定为1,000,000，实际划分网格数为984,144。

（2）材料选定　铸件材料采用 JIS 中的"SC46"，冷铁采用"GC200"，铸型材料采用"Furan sand"。

（3）工艺参数

1）浇注温度：1570℃。

2）充型定义：充型速度为 0.34m/s，充型时间为 5s（考虑到实际浇注时间大于工艺设计中所计算的时间）。

3）凝固定义：结束条件为凝固100%。

9.3.2　模拟结果与分析

将保存好的 STL 格式的零件图导入anyPRE 中，设置好对应的参数，划分1,000,000网格后进行模拟。单击"保存"

按钮后开始运行。模拟结果如图9.4所示。

从充型时间来看，充型过程比较平稳，但由于有两个浇口存在，所以会在铸件的中间汇流。金属液汇流的部位容易产生氧化夹渣等缺陷。除此之外，充型过程中会把气体压缩到中间部位，难以排出，会产生憋气，导致铸件产生气孔。建议在管件的最高部位开排气槽，并且在汇流处设置出气孔。

此次模拟首先可以确定出气孔的位置，通过模拟金属液的充型可以最大限度地预测出最后汇流位置，以便准确放置出气孔。金属液汇流位置如图9.4b所示。其次还可利用模拟的残余熔体体积结果预测冷铁放置位置，如图9.5所示。从图9.5a和图9.5c可以看出铸件最后在法兰处出现缺陷，由图9.5b可以看出冒口补缩效果良好。

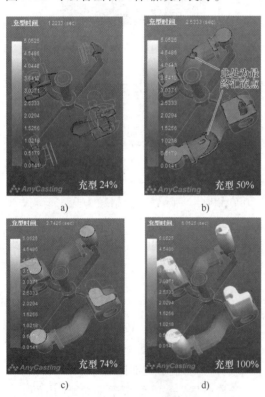

图 9.4

9.3.3 小批量试制

根据铸造工艺方案做出的模具实物如图9.6所示。对其进行首次试制造型前的准

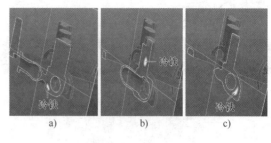

图 9.5

备如图9.7所示，冷铁、出气棒所放的位置已标出。造完型后得到的树脂砂型如图9.8所示。

图 9.6

图 9.7

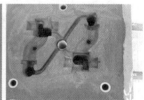

图 9.8

首次浇注结果如图9.9所示。

用AnyCasting进行模拟，金属液充型过程模拟结果如图9.10所示。由图9.10b和

图 9.9

浇注后的缺陷

图9.10c 可以看出，同一箱中两铸件的充型过程是不同步的，所加排气孔位置恰好为最终汇流处。从图9.10b 可看出，在管顶面靠近排气孔处还存在憋气现象，这与首次实际浇注缺陷位置几乎一样（图9.10c 中管壁侧面最后充型部位的气体将会通过分型面上的排气道顺利排出）。

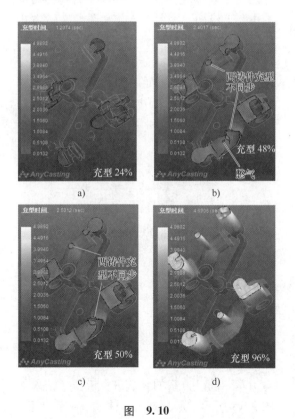

a)

b)

两铸件充型不同步

充型 48%

憋气

充型 24%

c)

d)

两铸件充型不同步

充型 50%

充型 96%

图 9.10

用 AnyCasting 模拟铸件的凝固过程如

图9.11 所示。从凝固顺序来看，铸件的管部分首先凝固，和预测结果一样，由于中间薄壁部分提前凝固，切断了补缩通道，在头部和法兰处的厚大部位，后凝固的部位形成了几个孤立的熔池，在此处可能会产生缩孔、缩松。建议在此处放置冷铁，使此处首先凝固，使得补缩通道畅通。

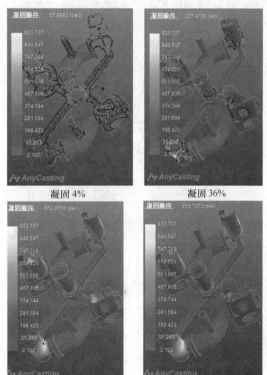

凝固 4%

凝固 36%

凝固 72%

凝固 100%

图 9.11

用 AnyCasting 模拟铸件的残余熔体体积如图9.12 所示。与图9.5 所示没放冷铁时的结果相比，铸件法兰处的热节基本已被消除。

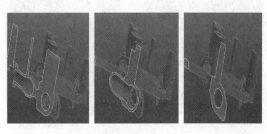

图 9.12

243

9.4 铸造工艺优化

9.4.1 铸造工艺的初步优化

针对图9.9和图9.10所示的铸造缺陷，进行改进。考虑到主要为充型时因汇流憋气所引起的缺陷，因此在铸件管壁顶面加一个高6mm宽15mm的排气槽，排气槽的作用就是防止型腔中的憋气和排气不畅。在此处放置排气槽，可以诱导气体通过排气槽进入通气孔，使其通过排气孔排出。排气槽形状和位置如图9.13所示。

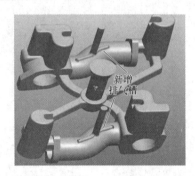

图 9.13

用AnyCasting进行模拟，金属液充型过程模拟结果如图9.14所示，相比于图9.10

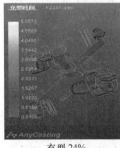

充型24%

充型50%

充型52%

充型96%

图 9.14

所示的模拟充型过程有了很大改善，将汇流点移到了所加的排气槽中，降低了缺陷出现的概率。

用AnyCasting模拟铸件的残余熔体体积，其模拟结果基本与图9.12所示的相同。实际浇注出的铸件如图9.15所示。经过初步处理，管壁顶部缺陷已消除。

图 9.15

9.4.2 铸造工艺的进一步优化

针对前面方案出现的缺陷及铸件出品率等问题，进行进一步优化。由于管壁为铸件的重要工作面，因此本次将铸件竖直放置进行浇注，让管壁处于侧面，并且采用底注式浇注系统，可以保证金属液自下而上平稳充型，也利于铸件自下而上进行补缩，得到组织致密的铸件。因此采用左右分型，一箱浇两件。设计的浇注系统和冒口如图9.16所示。

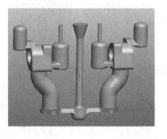

图 9.16

由于法兰处为厚大部位，因此需要加冷铁激冷，以使铸件能够顺序凝固。冷铁摆放如图9.17所示。

基于前一方案的参数进行模拟，结果如图9.18所示。从充型过程来看，充型平稳，金属液自下而上缓缓充满，排气顺畅，避免了因卷气、排气不畅等隐患导致缺陷的发生。

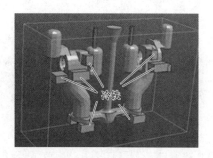

图　9.17

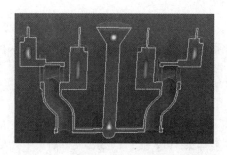

图　9.19

残余熔体体积如图 9.19 所示，从中可以看出残余熔体大部分都产生在冒口和浇注系统处。通过加冷铁改变凝固顺序，可以消除铸件右侧部位可能出现的缩孔、缩松缺陷。

通过以上分析，将铸件竖直放置浇注可以消除前一种方案中产生的缺陷，并且能够获得很好的铸件质量。建议采用该方案生产。

总之，在薄壁件的浇注过程中，由于容易发生冷隔、浇不足等缺陷，铸造难度比较大。为了有效地克服这样的缺陷，一般的薄壁件最好采用倾斜浇注方式，或者竖直放置浇注，这样利于金属液的充型，同时也会形成较为有利的补缩通道，大大减小了缩孔、缩松出现的概率。

9.5　思考题

1）从书中活塞、管件铸造工艺设计实例中任选其一，进行铸造工艺的设计，并使用 AnyCasting 进行铸造仿真，然后进行实际浇注，将铸件同仿真结果对比，思考仿真结果同铸件之间产生差异的原因。

2）回顾书中前三篇内容，总结计算机辅助铸造工艺设计的要点和工作流程。

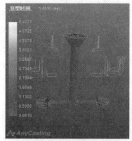

充型 26%　　　充型 50%

充型 76%　　　充型 100%

图　9.18

参 考 文 献

[1] 陈长江, 王渠东, 胡志恒, 等. 耐热稀土镁合金活塞金属型铸造过程模拟分析 [J]. 特种铸造及有色合金, 2010, 30 (6): 517-519.

[2] 戴进, 钟定铭, 王菊槐. Pro/ENGINEER 课程创新教学实践探讨 [J]. 装备制造技术, 2008 (4): 160-162.

[3] 柳百成. 铸件凝固过程的宏观及微观模拟仿真研究进展 [J]. 中国工程科学, 2000, 2 (9): 29-37.

[4] 孙印杰, 田效伍, 郑延斌, 等. 野火中文版 Pro/ENGINEER 基础与实例教程 [M]. 北京: 电子工业出版社, 2004.

[5] 杨峰. Pro/ENGINEER 中文野火版 2.0 教程——塑料模具设计 [M]. 北京: 清华大学出版社, 2005.

[6] 杨青, 陈东祥, 胡冬梅. 基于 Pro/Engineer 的三维零件模型的参数化设计 [J]. 机械设计, 2006, 23 (9): 53-57.

[7] 易守华, 朱克忆, 张柏森. 项目教学法及其在 "Pro/Engineer 产品造型设计" 教学中的应用 [J]. 职业教育研究, 2006 (8): 148-149.

[8] 余强, 陆斐. Pro/E 模具设计基础教程 [M]. 北京: 清华大学出版社, 2005.

[9] 詹友刚, 洪亮. Pro/ENGINEER 中文野火版 2.0 产品设计通用教程 [M]. 北京: 清华大学出版社, 2005.

[10] 张继春. Pro/ENGINEER 二次开发教程 (3) [J]. CAD/CAM 与制造业信息化, 2003 (1): 89-92.

[11] 张荣清, 柯旭贵, 侯维芝. 模具设计与制造 [M]. 3 版. 北京: 高等教育出版社, 2008.